U0200986

A little course in...
Preserving

美好生活课堂

新鲜食物巧保存

果酱·蜜饯·泡菜·腌肉

A Little Course in Preserving

[英] 苏珊娜·斯蒂尔 著
[英] 阿曼达·赖特 配方
李锋 译

中国轻工业出版社

Penguin
Random
House

A Dorling Kindersley Book
www.dk.com

Original Title: A Little Course in Preserving

图书在版编目（CIP）数据

新鲜食物巧保存：果酱·蜜饯·泡菜·腌肉／（英）苏珊娜·斯蒂尔著；（英）阿曼达·赖特配方；李锋译. —北京：中国轻工业出版社，2018.2
（美好生活课堂）
ISBN 978-7-5184-1618-9

Ⅰ. ①新… Ⅱ. ①苏… ②阿… ③李… Ⅲ. ①食品保鲜 Ⅳ. ① TS205

中国版本图书馆CIP数据核字（2017）第224881号

责任编辑：伊双双
策划编辑：伊双双　　责任终审：张乃柬
封面设计：奇文云海　　版式设计：锋尚设计
责任校对：燕　杰　　责任监印：张　可

出版发行：中国轻工业出版社
（北京东长安街6号，邮编：100740）
印　　刷：北京华联印刷有限公司
经　　销：各地新华书店
版　　次：2018年2月第1版第1次印刷
开　　本：720×1000　1/16　印张：12
字　　数：200千字
书　　号：ISBN 978-7-5184-1618-9
定　　价：68.00元
邮购电话：010-65241695
发行电话：010-85119835　传真：85113293
网　　址：http://www.chlip.com.cn
Email：club@chlip.com.cn
如发现图书残缺请与我社邮购联系调换
150932S1X101ZYW

A WORLD OF IDEAS:
SEE ALL THERE IS TO KNOW

www.dk.com

目　录

创建专属课程6·基本工具8·卫生条件和食品安全11
基本原料12·食物变质的奥秘14·食物保存的原理16

1 基础篇

冷冻新鲜水果 20
冷冻果酱 24
蓝莓和覆盆子冷冻果酱·草莓冷冻果酱

冷冻蔬菜 28
冷冻香草 32
香蒜青酱 34
罗勒香蒜青酱·芫荽和核桃香蒜青酱·芝麻菜香蒜青酱

油封蔬菜 42
意式蔬菜·油封什锦彩椒·油封朝鲜蓟

瓶装酒味水果 46
苦杏酒腌杏肉和杏仁·白兰地腌樱桃·白兰地腌李子·伏特加腌金橘·杜松子酒腌黑刺李

通过简单盐渍保存食物 52
腌柠檬·莳萝腌黄瓜·朝鲜泡菜

泡菜 56
腌嫩黄瓜·什锦泡菜·紫甘蓝泡菜·辣泡菜

冷泡菜 62
黄油面包冷泡菜

酸辣酱 64
李子酸辣酱·红花菜豆和西葫芦酸辣酱·番茄和烤辣椒酸辣酱

开胃菜 72
甜玉米和辣椒开胃菜·辣胡萝卜开胃菜·番茄开胃菜·甜菜根开胃菜

2 强化篇

水果奶酪 78
温柏奶酪·西洋李子奶酪·苹果黄油

果酱 86
覆盆子果酱·波特酒李子果酱
黑醋栗果酱·樱桃果酱·大黄、梨和姜果酱

蜜饯 98
杏蜜饯·草莓蜜饯·水蜜桃核桃蜜饯

果冻 102
葡萄、柠檬和丁香果冻·蔓越莓果冻·迷迭香果冻

果汁和甘露酒 110
黑莓汁·草莓汁·新鲜薄荷甘露酒·黑醋栗甘露酒

瓶装糖浆水果 116
糖浆水蜜桃·蜂蜜糖浆无花果
焦糖糖浆克莱门氏小柑橘

干制水果和蔬菜 124
西红柿干·蘑菇干·苹果干

3 拓展篇

酸果酱 134
橙果酱·威士忌克莱门氏小柑橘酸果酱·粉红西柚酸果酱

水果凝乳 142
柠檬凝乳·橙凝乳·覆盆子凝乳

黄油 150
加盐黄油和无盐黄油

软质奶酪 156
加蒜和香草的软质奶酪

酒精饮料 158
苹果酒·青梅酒·接骨木花香槟

干腌鱼和湿腌鱼 166
腌三文鱼·香料醋渍鲱鱼卷·快速盐渍鲱鱼

湿腌肉和干腌肉 174
干腌培根·湿腌火腿

罐头肉 184
牛肉罐头·猪肉酱·油封鸭

索引 188
致谢 192

出版提示

本书中出现的食谱均标有所需食材和操作方法。如果你有特殊的健康状况和过敏反应，可能需要有人从旁照看，对此出版者不承担相应责任。而在具体使用这些食谱时，不论你是按照书本说明按部就班，还是根据个人的饮食习惯或口味进行调整，对由此出现的任何副作用，本出版者均不承担相应责任。

创建专属课程

本书通过三段式课程帮助你掌握食物保存的方法。这里涵盖了从泡菜到罐头肉的所有领域，方法的难度逐步加大，以提升你的技术，并随着你信心和经验的增长，为你设立新的挑战。

现在开始吧

让我们从“基础篇”开始迈出学习食物保存的第一步吧，这部分内容很容易上手，并介绍了必要的基础技能。在“巩固篇”中，你会发现许多经典的食物保存方法，一旦成功掌握，你就是名副其实的家庭食物保存能手了。“拓展篇”中的食谱较为少见，对保存技巧要求更高，许多食谱甚至会让你眼前一亮，可以真正拓展你的保存技能，并让你有机会炫耀一番。

小贴士：必要的建议会在弹出框中突出显示，以帮助你尽可能地获得最佳效果。

关键步骤均配有清晰图片，用来演示正确保存的方法

食谱信息

每份食谱中的这些标签会标记出你希望保存**食物的分量**、**制作所需时长**，以及**最大保存期限**。

这些细节会在每份食谱的开始处做说明

3大罐

1.5小时，另需过滤的时间

12个月

如何制作

这个部分会介绍每种类型的食物保存方法，并在按食谱动手操作前准确描述出关键技巧。在这里，我们既说明保存方法，也解释原因，因为了解因果对于做某些事至关重要。

注释会在食谱的每一步中强调操作方法及食物的外观

1 在学习了关键技术后，会有逐步详解的动手实践环节。这里会有一份包含原料和特殊工具的清单，外加详细的时间安排，帮助你合理计划。

有用的建议：食谱中到处是针对如何操作的小贴士、提醒和警告，以及出错时该如何应对的建议。它们就如同在厨房中多了一位帮你排忧解难的私人导师。

如何储存

在每份实践操作的食谱后面，你会找到更多信息，包括如何和在哪里保存这些食物，食物风味成熟所需时间（如有需要），以及它们的保存期限和开封后的储存方法。

哪里出错了？

在初次尝试时，很难做到完美。你可以在这里预先找到一些常见问题、可能出错的原因，以及如何避免下次再犯同样的错误。

尝试其他水果、蔬菜和风味组合

这里会提供如何变化食谱的建议，下次尝试时可以使用不同的水果或蔬菜，或者更换其他调味料，如香草和香料。

更多提示

这里会有额外的建议，比如如何选择和准备品质最佳的物品，或者在保存不同食物时，如何正确地调整基本食谱。

现在翻页，开始食物保存之旅吧！

基本工具

制作工具

保存食物所需的多数工具都不是专业设备，你可以在大多数厨房中找到。然而，为了某些技巧，你将需要特殊的工具。这里列出了基本的工具，可以满足你保存食物时的所有需求，并帮助你获得专业级的品质。

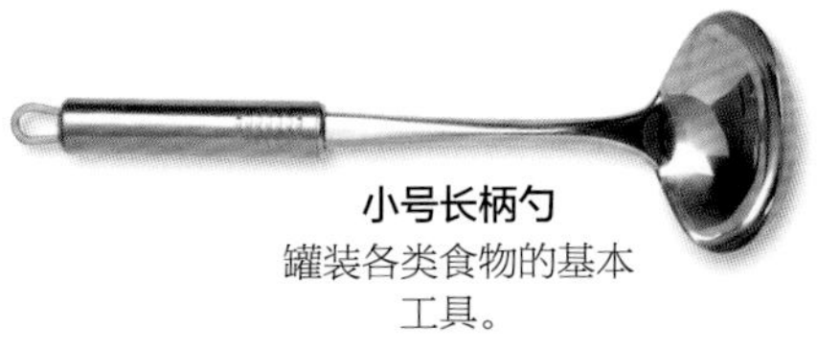

小号长柄勺
罐装各类食物的基本工具。

漏勺
适用于水煮水果和蔬菜，同样可以用来撇去浮渣。

木勺
煨炖水果和酸辣酱时理想的搅拌工具。

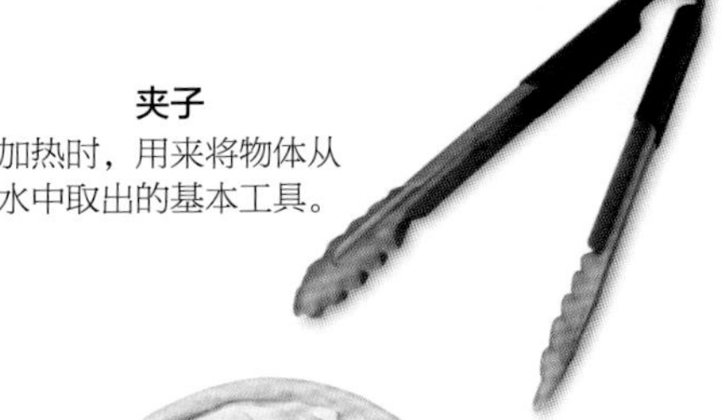

夹子
加热时，用来将物体从水中取出的基本工具。

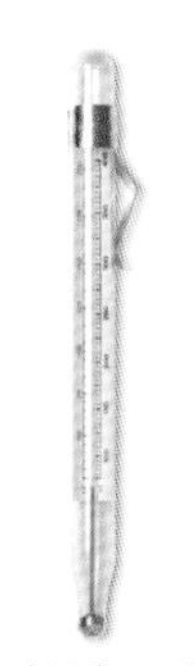

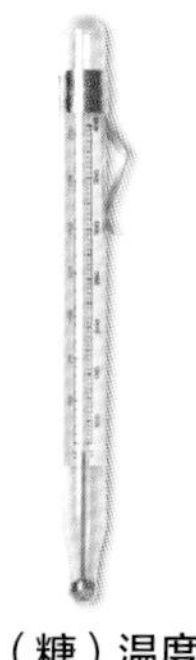

果酱（糖）温度计
用来测量凝固点的准确温度的基本工具。

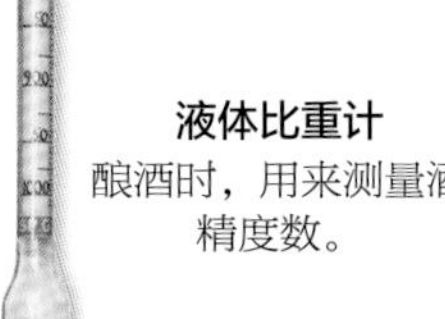

液体比重计
酿酒时，用来测量酒精度数。

阔嘴果酱漏斗
用来轻松干净地罐装需要保存的食物。

长嘴漏斗
轻松完成饮品和酱汁的装瓶工作。

粗棉布或白棉布制成的松紧袋
用来过滤和挤压液体。在酿酒时特别有用。

果冻袋
在制作果冻和甘露酒时，有助于挤压果浆。

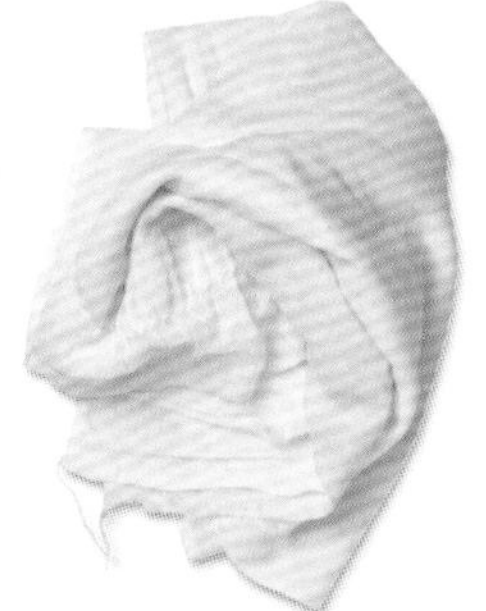

平纹细布
可以当作过滤器使用，用来包裹肉类食物；或用来制作香料袋。

食物料理机

在对水果和蔬菜进行混合、快速切碎、磨碎和打浆时，可以事半功倍。

带滴水盘的大号塑料容器

卤制和腌制肉类食物的理想工具，特别是大块的肉。

黄油模具

用来轻松制作装饰性的小块黄油。

细颈大瓶、气塞和虹吸管

酿酒的基本装备，用来储存发酵液、密封和装瓶。

不锈钢平底深锅

这种专业的锅锅底厚重，开口大，且不会发生化学反应，是快速煮沸和制作大量食物的理想工具。

保存工具

使用合适的容器在保存食物时意义重大。不论体积大还是小，实用的还是装饰性的，玻璃的、陶器的，抑或塑料的冷冻盒，每种食物总有一款合适的容器。容器应完好无缺，并在使用前消毒（参见后一页）。

透明玻璃瓶
它们是酒、苹果酒和甘露酒的最佳搭档，需和密封软木塞配套使用。

冰块盒
用来冷冻小份的香草。

塑料冷冻盒
用来冷冻保存果酱、水果、蔬菜、果泥和熟酱汁。

果酱罐
用来储存果酱、蜜饯、酸果酱和果冻。每次使用时更换新的盖子，或者圆形蜡纸和玻璃纸盖。

软木塞
自酿时用来塞住瓶子，确保密封，避免氧化。

摆动塞玻璃瓶
用来存放甘露酒、糖浆和果汁。

蛋糕模具
其尺寸非常适合用来保存罐头肉和鱼，也可以用来灌装水果黄油、奶酪和果冻。

专业储存罐
这种容器耐热，带有耐腐蚀的盖子和可更换的密封圈，是为加热处理而专门设计的。

卫生条件和食品安全

严格的卫生条件对于成功保存食物而言至关重要。所有的工具和容器必须经过彻底消毒，制作出的高品质食物应在适宜的温度下进行保存，并在推荐日期内品尝完。一旦食物开始变质，应立即倒掉。

卫生制度

- 在正式开始前，确保所有的厨房表面和工具都是完全洁净的。应使用干净的抹布，并勤洗手。
- 保持冰箱内部清洁，并设定正确的温度（4℃）。
- 对所有你要使用的瓶、罐、容器、盖子以及工具进行消毒，最好是在你使用前准备好。这样做是为了确保杀死任何可能导致食物变质的微生物。
- 在存放前，确保你的食物被正确密封。定期进行检查，并在保质期内吃掉。如果出现变质迹象，应立即扔掉。
- 对于肉类和鱼类食物（不论是新鲜的，还是煮熟的），应格外小心。使用品质最佳的原料，一直保持低温存放，并与其他食物分开保存。在每一步操作时都要确保使用干净的工具。

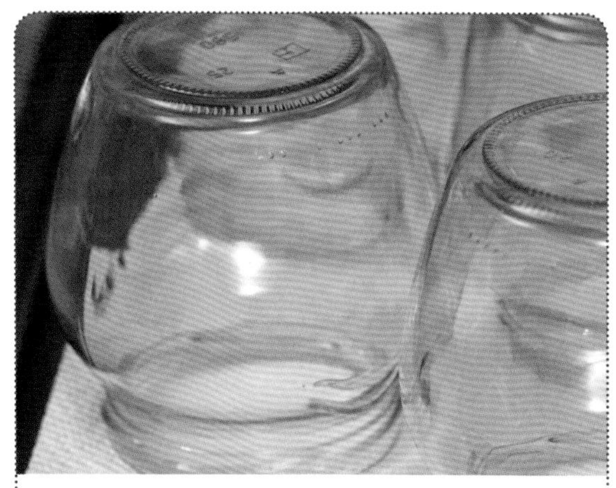

消毒方法

烤箱：用热水清洗瓶、罐及盖子，沥干，然后在140℃下，放入烤箱中烤15分钟。

洗碗机：使用前，将瓶、罐及盖子放入，热洗。

微波炉：适用于非金属罐。在每个罐子里加入4勺水，微波2分钟。沥干，然后用厨房纸巾擦干。

水浴法：用水将容器浸泡在平底锅中，慢慢加热至沸腾，然后关火。需要时取出即可。

加热处理

如果需要长期存放瓶装水果和酱汁，它们应通过水浴进行加热处理。当水变热时，容器中残存的空气会受热膨胀而排出。随后密封冷却，从而形成真空。容器被完全密封起来，使其中的食物免遭污染。如果加热处理成功，盖子应密封到位。关于其完整的操作方法和处理时间，可参考116~121页。

基本原料

盐

盐（或氯化钠）一直以来都是我们最重要的天然保鲜剂之一。它可以析出食物中的水分，从而阻止微生物的繁殖。盐的浓度越高（特别是盐水中），其保鲜效果越棒。盐可以用来保存蔬菜、鱼及肉类食物。

腌渍用盐
很适合腌肉。

岩盐
粗糙且未经提炼的岩盐适用于一般食物的保存。

糖

当浓度足够高时（60%或更高），糖的保鲜效果与盐相当。它们的保鲜原理相同，即析出食物中的水分。糖主要用于保存水果，但也可以和醋搭档，用来保存水果和蔬菜的混合物，比如酸辣酱。

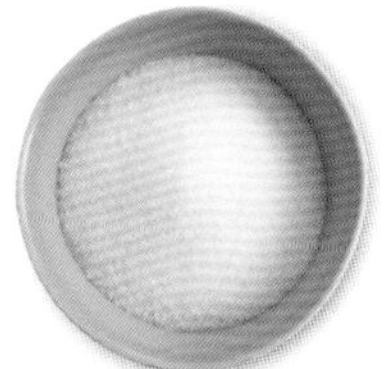

砂糖
一种带有粗糙颗粒的精炼糖，非常适合一般甜品的保存。

细白砂糖
比砂糖更加精细，且易于溶解，适用于制作果汁和甘露酒。

浅色黄糖
这种糖中的糖蜜可以用来给酸辣酱和酸果酱增加风味。

果酱糖
含有额外的果胶，用于低果胶水果，帮助它们凝固。

油

虽然不是防腐剂，但油和动物性脂肪对食物保存而言依然大有裨益。使用时，将已加工好的食物浸泡其中，它们会形成密封层，使其与空气中的微生物隔绝。烫煮或干燥的蔬菜，以及罐头肉，可以用油来保存。

黄油
黄油经过提纯后，可以用来密封罐头肉。

鹅油
替代猪油，用来密封罐头肉。

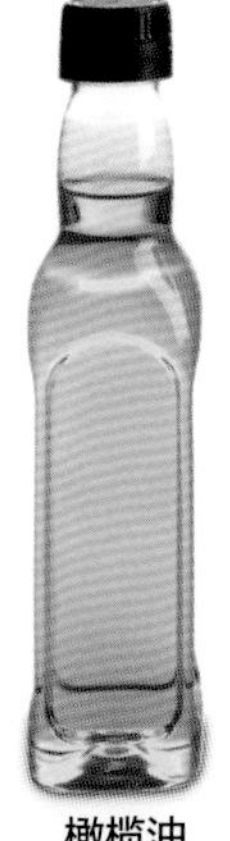

橄榄油
精美的水果风味，使其成为保存食物的理想用油。

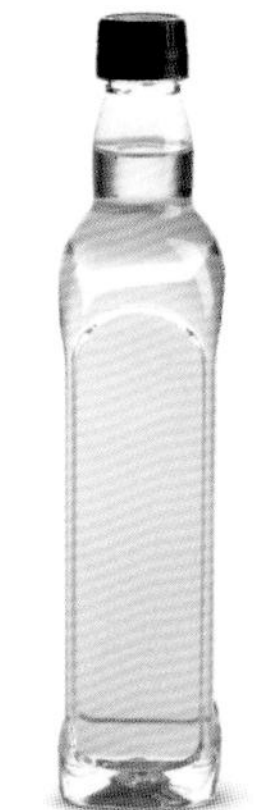

葵花籽油
色泽更为浅淡，风味更加微妙的一种油。

醋

作为另一种历史悠久的"防腐剂"，醋在制作时，会通过酒精发酵来产生醋酸。醋酸含量在5%以上时，会抑制绝大多数微生物的繁殖，包括让食物变质的大肠杆菌在内。醋主要用来保存蔬菜，制作泡菜、开胃菜和酱汁，以及富含油脂的鱼。

麦芽醋
这种深棕色的醋适合用来保存风味浓烈的美味食物。

腌渍醋和酒精醋
腌渍醋既可以购买已添加香料的现成品，也可以利用酒精醋在家自制（参见57页）。

红葡萄酒醋
这种醋由红葡萄酒发酵而成，用来上色添味。

白葡萄酒醋
这种醋由白葡萄酒发酵而成，与红葡萄酒醋相比，色泽较浅，风味更微妙。

苹果醋
这种醋由苹果酒发酵而成，带有淡淡的苹果味。

柠檬

柠檬在制作果酱和果冻时至关重要。当采用的水果果胶含量低时，添加柠檬汁可以导出果胶，促进混合物凝固。

柠檬汁中的果酸同样可以阻止甜品中的糖结晶。

香料和调味品

添加香草和香料可以有效提升食物保存的效果。它们不但可以极大改善风味和香气，其中许多还可以促进消化，甚至在食物的保存过程中扮演积极的角色。

香料粉
如有可能，请在使用前，将香料颗粒研磨成粉。一旦磨碎，其风味和香气会迅速挥发掉。

香草
香草（新鲜的或干燥的）可以提升泡菜、开胃菜和油封蔬菜的风味。它们还可以制成调味果冻，是烤肉的经典搭档。

香料颗粒
香料颗粒在密封容器中可保存两年之久。绝大数通常会被制成调味醋，它们可以保存在罐子中，或者装在棉布袋中，在罐装前取出（参见57页）。

食物变质的奥秘

所有的动植物以及空气和食物的表面都附着有诸如真菌、酵母和细菌一类的微生物。在潮湿、温暖、通风和碱性的环境中，这些微生物繁殖旺盛，从而导致食物腐败变质。作为存在于植物和动物细胞中的有机催化剂，酶会加快食物变质的速度。

酶：酶是食物中天然存在的蛋白质，会加速或催化由微生物引起的化学反应，这种反应可以改变食物的外观、质地和口感。不过酶本身也很脆弱，会被高温杀死，或在低温下失去活力。

图解酶的作用

酶会通过化学反应将一组底物转化成不同的产物

不同的酶会对应（或适合）具体的底物

酶会抓住这些底物，从而进行催化

释放产物

酶已经做好继续催化底物的准备

细菌：在适宜的环境下，单细胞细菌会成倍繁殖，从而导致食物腐败。比如，它们可以在数小时内使未经消毒的热牛奶变酸。某些细菌还可以让食物产生毒素，所以在保存肉类和鱼类食物以及油封蔬菜时，应时刻保持谨慎小心。

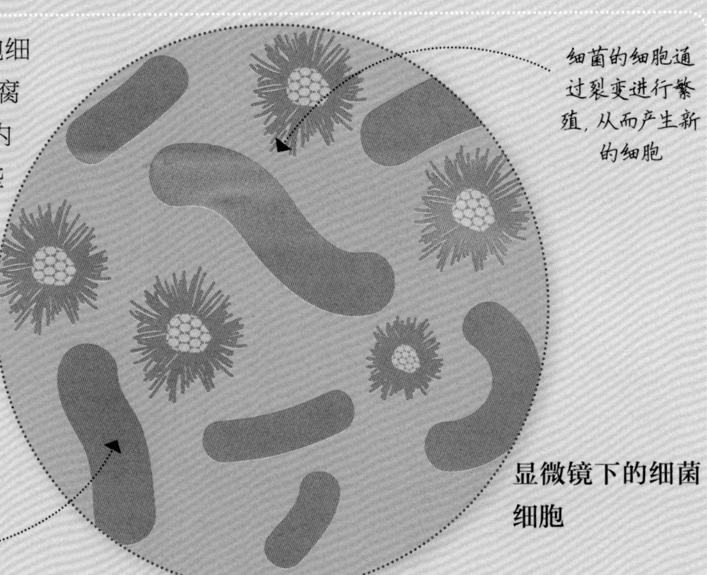

显微镜下的细菌细胞

霉菌：霉菌是在温暖湿润的环境中存活在食物中的一种真菌。绝大数霉菌为线条状生物体，带有向下生长到食物源中的根部或假根，以及会在末梢长出孢子的子实体。这些孢子会使霉菌着色，变干后会释放出来，飘散到空气中形成新的霉菌。虽然其中一些霉菌是有益的，比如制作奶酪时所使用的霉菌，但其他的霉菌则会导致食物腐烂，并释放出有害的毒素。

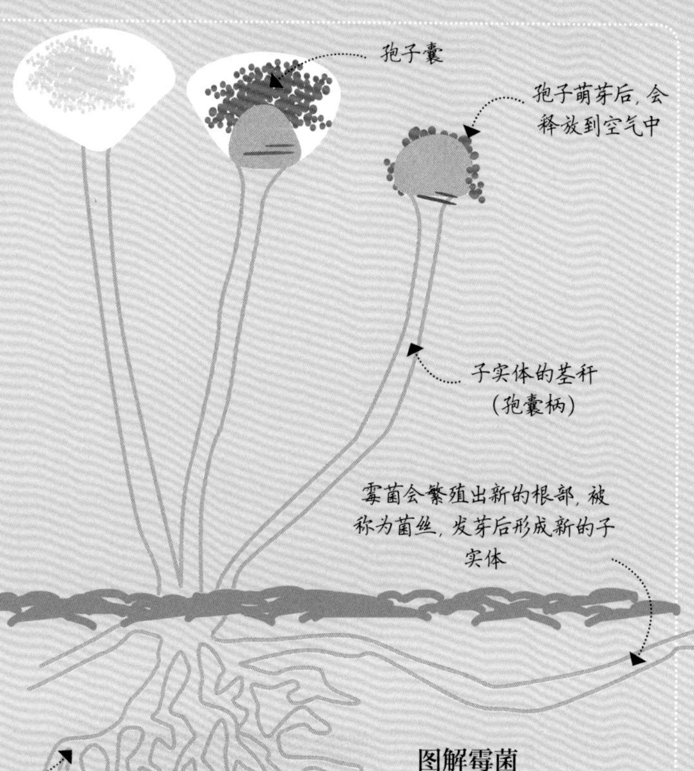

图解霉菌

酵母：作为真菌家族的一员，单细胞酵母青睐温暖潮湿且微酸的环境。和霉菌一样，酵母通过分泌酶来破坏有机物，并吸收营养。有些酵母是有益的，分解或发酵糖，并产生酒精和二氧化碳，也可用来发酵面包。其他的酵母则会使食物腐烂，导致人体发病。

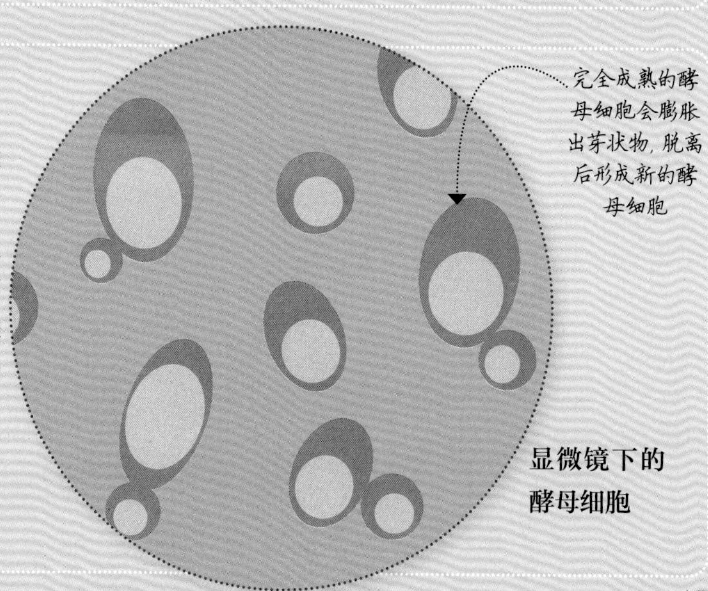

显微镜下的酵母细胞

食物保存的原理

食物保存的目的在于降低微生物和酶的活性，或者同时破坏它们；在酸性或干燥的环境中，在高浓度的盐水和糖水中，在酒精中或高温下，它们都无法存活。一次保存过程中常常会用到多种不同的方法，比如制成果酱时，就需要加热高浓度的糖水。

冷冻：食物温度越低，其腐败的速度越慢。冷藏条件下细菌活动减少，而在冷冻时则会全部停止，不过酶的活力仅会被降低。所以在保存蔬菜时，应先在开水中烫煮一遍，以破坏酶和微生物，而香草则可以与油混在一起，水果可以撒上点糖，以便在冷冻时抑制酶的活力。

可以将香草放于冰盆中用水冷冻起来

如果在-18℃下冷冻食物，微生物将失去作用

一旦冷冻的食物解冻，酶和微生物的活力将会再次恢复

冷冻香草

加热：在高温下煮熟或烫煮食物，可以破坏所有酶的活力，以及杀灭所有微生物。食物酸度越高，比如水果，越容易通过加热来杀灭微生物。煮熟过的食物应在真空下密封（比如密封罐），以延长其保存期限。

大多数细菌会在沸点，即100℃时被杀死

保存食物时，趁热盛出来，以保持煮熟的作用

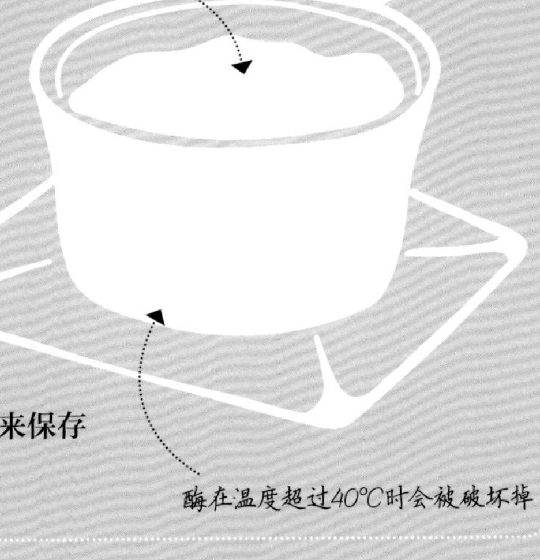

通过煮熟来保存水果

使用高浓度液体：酒精、果酸、盐和糖在高浓度条件下，可以抑制微生物的繁殖，而如果在酒精中，则会将它们完全杀死。天然的酸性水果通常会保存在高浓度的糖水和酒精中。而碱度较高的蔬菜则会储存在醋酸、盐水或者两者的混合物中。

醋渍泡菜

酒精发酵

酵母经过发酵，会使食物变质，但也可以通过将果汁转换成酒精液体来保存。

排出空气：通过脂肪或油密封后，可以阻止食物与空气中的微生物接触，避免腐败。这样做也可以饿死食物中的需氧菌，它们需要氧气才能存活和繁殖。加热用来保存食物的瓶瓶罐罐，使其排出空气，保留无菌的真空，从而延长保存期限。

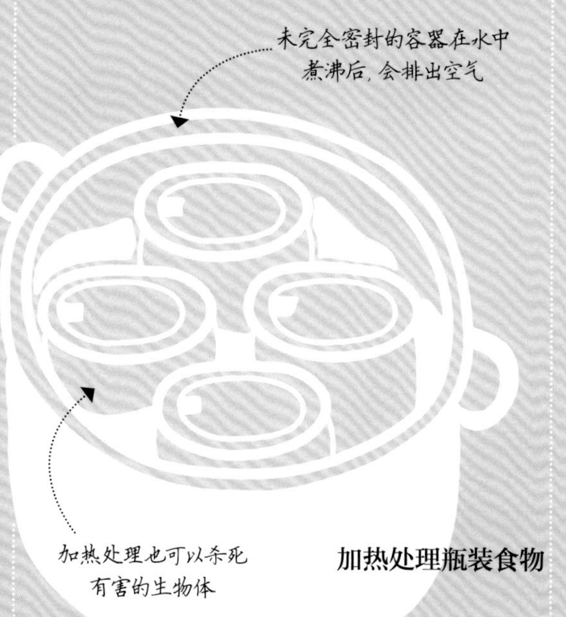

加热处理瓶装食物

除去水分：微生物需要水分才能繁殖，但会在干燥状态下被杀死。食物可以通过温暖的空气或烤箱来进行干燥处理，或浸泡在高浓度盐水或糖水中，通过渗透作用析出水分。

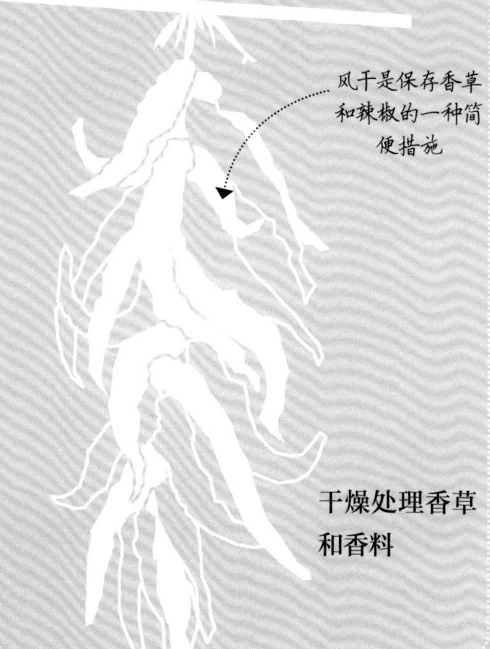

干燥处理香草和香料

1 基础篇

本篇中出现的食物保存方法易于上手，并提供了许多保留新鲜食物风味的简易途径。从冷冻和瓶装美食，到基本的果酱、泡菜和开胃菜，这一系列的制作方法都可供挑选。

本篇中，我们将会学习准备或制作下列美食：

冷冻水果 pp.20~23

冷冻果酱 pp.24~27

冷冻蔬菜 pp.28~31

冷冻香草 pp.32~33

香蒜青酱 pp.34~41

油封蔬菜 pp.42~45

酒味水果 pp.46~51

盐渍美味 pp.52~55

泡菜 pp.56~61

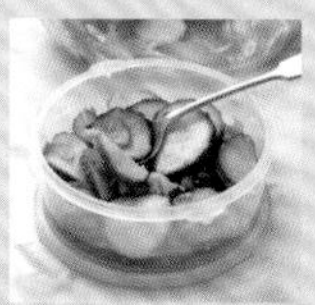

冷泡菜 pp.62~63

酸辣酱 pp.64~71

开胃菜 pp.72~75

如何**冷冻新鲜水果**

冷冻保存是有效降低水果腐败的完美方式，并且可以最大限度地保留其风味和营养。冷冻时最好撒上点糖，这样可以使水果在解冻时保持口感。有些水果可以直接整个冷冻，不过有些水果则需要些基本准备。

撒糖后敞开冷冻

新鲜水果应事先单个冷冻，以免挤在一起，这个过程被称为“敞开冷冻”。将水果以单层形成平铺在托盘上，撒上细白砂糖，然后将托盘放入冷冻室中。

装入保鲜袋中

冷冻水果大约需要1小时。当它们完全冻结，可去掉托盘，将水果装入保鲜袋中。最好选择小尺寸的保鲜袋，这样可以根据需要每次解冻一小部分。

小贴士：冷冻前，应去除果核，然后将个头较大的水果切成两半或切薄片。像水蜜桃这样的多汁型水果可以加点儿糖和柠檬汁，做成果泥，然后放入冷冻盒中冷冻。确保冷冻盒顶部留有一点空间，以便果泥膨胀。

水果冷冻时，糖可以使果皮坚硬，帮助它们在冷冻和解冻时维持原状

只需冷冻优质水果

贴上标签并注明日期

在每个袋子上注明“最佳品尝期”。保存在冰箱中的所有水果在一段时间后就会开始腐败变质，所以请查看22页上的表格，确认它的保存期限。冷冻会破坏水果的细胞壁，所以解冻后会变得稀软易烂，但美味依旧。

新鲜水果的冷冻时间

下表中列明了绝大数适合冷冻的新鲜水果、如何冷冻处理的各种方法，以及最长保存期限。表中的时间仅在–18℃下冷冻水果时适用。无论如何，请在这些期限内品尝完毕，同时可预先在冰箱中解冻。

水果	冷冻时间		
	撒糖，然后在托盘上敞开冷冻（参见20~21页）（单位：月）	装入冷冻盒，用糖浆浸泡或撒上糖，然后冷冻（单位：月）	制成果泥，装入冷冻盒中进行冷冻（单位：月）
苹果	9	9	不适用
杏（熟透）	9	9	6
黑莓	12	12	6
黑醋栗	12	12	6
蓝莓	12	12	6
樱桃	6	6	6
柑橘类水果	6	不适用	不适用
蔓越莓	12	12	6
无花果	9	9	6
鹅莓	12	12	6
罗甘莓	12	12	6
甜瓜	9	9	6
油桃	9	9	6
水蜜桃	9	9	6
李子	9	9	6
覆盆子	12	12	6
大黄	12	12	不适用
草莓	9	9	6
水果糖浆	装入冷冻盒中，然后冷冻9个月		

醋栗在敞开冷冻前，应先从茎秆上摘下来
去除**杏**核，然后切成两半或切片
李子在冷冻前，先切成两半，并取出果核
水蜜桃最适宜在罐中制成冷冻果泥，因为冷冻处理可以轻松实现这一效果
覆盆子非常适合整颗冷冻保存
苹果应先削皮，切片，并在柠檬汁中浸泡一下，以免出现褪色
敞开冷冻是冷冻**蔓越莓**的最佳途径。无需事先解冻，即可直接品尝

如何制作冷冻果酱

如果你觉得传统果酱味道太甜，或者手里有难以像果酱那样凝固的熟透多汁的水果，不妨尝试将其做成冷冻果酱。冷冻果酱是一种未经煮熟的甜味果泥，通过琼脂（一种天然的凝胶剂）来增稠，冷冻成果冻状凝固物，以保存水果的营养和风味。这个过程简便快捷，并且尝起来清新美味。

将水果制成果泥

准备水果时，如有必要先清洗干净。然后放入碗中，用勺背轻轻挤压，做成粗糙而非细滑的果泥。如果喜欢，可以再加入1汤匙柠檬汁（大约半个新鲜柠檬），来增添风味。

溶解琼脂和糖

在小号平底锅的水中加入琼脂，放置2~3分钟使其软化。慢慢加热至沸腾，无需搅拌，再煨炖3~5分钟。搅拌至琼脂溶解，然后加糖。继续搅拌2~3分钟，直到糖完全溶解。

将原料混合在一起

将热糖浆倒入装有果泥的碗中，用木勺持续搅拌，使原料完全混合在一起。用铲子将平底锅中残留的糖浆全部刮入水果混合物中，以确保获得最佳的凝固效果。

倒入冷冻盒中

因为果酱冷却后会迅速变稠，所以要在它凝固前，将其倒入干净的小号冷冻盒中。密封并冷冻前，先让果酱在冰箱中冷却存放一晚。品尝时，解冻并冷藏，然后加入酸奶或甜点，或者将其涂抹在吐司或面包上。

蓝莓和覆盆子冷冻果酱

500克

15分钟

6个月

原料

225克蓝莓
225克覆盆子
2茶匙柠檬汁
1汤匙琼脂片或1茶匙琼脂粉
115克细白砂糖

挤压水果

将蓝莓和覆盆子置于室温下，以便其正确释放果汁，并足够柔软可以用来轻轻挤压。然后将它们放入有柠檬汁的碗中，用勺背或土豆捣碎器粗略挤压一下。

小心！你希望制作并享用的是带有丰富多汁的果肉块的粗糙果泥。

准备琼脂

在小号平底锅中倒入200毫升水，**撒上琼脂**。放置2~3分钟，使其软化，再用小火慢慢将混合液加热至沸腾。轻轻煨炖3~5分钟。

小贴士：琼脂软化时，避免用汤匙进行搅拌，因为这样做可能会阻止其吸收水分。相反的，在加热前，可以通过快速转动平底锅来搅动混合液。一旦混合液开始沸腾，偶尔搅拌一下，确保琼脂已经溶解。

加入糖，并用小火继续搅动2~3分钟，直至完全溶解。搅动时注意查看是否还有糖结晶，以确保其完全溶解。然后将平底锅从炉子上移走。

混合糖浆和水果

将琼脂糖浆倒入装有已压碎浆果的碗中，不断地轻轻搅拌，使其完全混合在一起。

罐装果酱

将果酱倒入干净的小尺寸冷冻盒中，并在顶部预留至少1厘米的空间。冷却后密封，贴上标签，冷冻前先冷藏一晚。品尝时，先在冰箱中解冻一夜，然后冷藏保存，并在2周内吃完。

草莓冷冻果酱

600克

15分钟

6个月

原料

500克草莓，如有必要先洗净

1茶匙柠檬汁

1汤匙琼脂片或1茶匙琼脂粉

60~115克细白砂糖

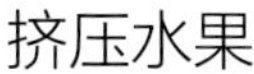

挤压水果

在碗中加入柠檬汁，用勺背或土豆捣碎器粗略挤压草莓。

小心！挤压水果时避免用力过猛。

准备琼脂

在小号平底锅中倒入200毫升水，**撒上琼脂**。放置2~3分钟，使其软化，再用小火慢慢将混合液加热至沸腾。轻轻慢炖3~5分钟。

小贴士：在琼脂软化时进行搅拌，会阻止其吸收水分。相反的，在加热前，可以通过快速转动平底锅来搅动混合液。一旦混合液开始沸腾，偶尔搅拌一下，确保琼脂已经溶解。

加入糖，并用小火继续搅动2~3分钟，直至完全溶解，并在溶液中看不到糖结晶。然后将平底锅从炉子上移走。

混合糖浆和水果

将琼脂糖浆倒入装有已压碎草莓的碗中，不断地轻轻搅拌，使其完全混合在一起。

罐装果酱

将果酱倒入干净的小尺寸冷冻盒中，并在顶部预留至少1cm的空间。冷却后密封，贴上标签，整夜冷藏使其完全变稠，然后冷冻起来。品尝时，先在冰箱中解冻一夜，然后冷藏保存，并在2周内吃完。

如何冷冻蔬菜

冷冻是保存蔬菜最为便捷的方法之一，这样做也非常值得，解冻后的冷冻蔬菜，其风味几乎与刚采摘下来时一模一样。有些蔬菜在冷冻前需先烫煮一下（在水中稍加煮沸），以破坏那些会导致色泽、风味和质地改变的酶。

烫煮蔬菜

在平底锅中煮沸一锅淡盐水，加入一小把蔬菜。快速加热至沸腾，将蔬菜烫煮2~3分钟。每次放入一小把蔬菜，这样可以在投放后快速煮沸。重复操作直至蔬菜全部烫煮完。

加冰并沥干

烫煮好后，立刻将每把蔬菜转移至加冰水的碗中，停止烹煮。然后沥干水分，并用厨房纸巾拍干。冷冻前使蔬菜完全干燥，蔬菜的质地越紧实，水分越少，冷冻的效果越棒。

小贴士：烫煮后，应在彻底冷却后再冷冻或敞开冷冻。

根据需要，按不同分量进行冷冻保存

冷冻的四季豆直接用来烹煮

装入保鲜袋

蔬菜干燥后，以合适的分量装入保鲜袋或冷冻容器中。如果需要冷冻的量较多，可先敞开冷冻（参见20页），防止它们粘在一起，然后用大号保鲜袋装起来。

烫煮蔬菜的冷冻时间

下表列出了最适合冷冻的蔬菜品种、备菜方式、烫煮时间以及最长保存期限。不过最好还是在保存期限前品尝完毕，并确保食品的冷冻温度在–18℃以下。除了甜玉米棒外，其余蔬菜都无需解冻，可直接用来烹煮。

蔬菜	如何备菜	烫煮（单位：分钟）	冷冻（单位：月）
芦笋	择菜	2~4	9
蚕豆	剥去豆荚	2~3	12
四季豆	整只留用	2~3	9
红花菜豆（鲜嫩的）	切片	2	9
西蓝花	择成小朵	2	9
球芽甘蓝	整棵留用	3	9
卷心菜	切片	2	6
胡萝卜（小）	整根留用	5	9
胡萝卜	切片	2~3	9
菜花	择成小朵	3	6
茴香	切片	2	6
朝鲜蓟（根部）	整棵留用	4	9
朝鲜蓟（嫩芽）	整棵留用	3	9
荷兰豆	整只留用	1	9
豌豆	剥去豆荚	1~2	12
罗马花椰菜	择成小朵	2	9
婆罗门参/鸦葱	削皮，切碎	2~3	9
蜜豆	整棵留用	2	9
菠菜	洗净	1	9
甜玉米（玉米棒）	整根留用	6	12
甜玉米（玉米粒）	剥掉	2	12
唐莴苣（叶子/茎）	洗净，切碎	1~2	9

红花菜豆经过掐头去尾，切片烫煮，再敞开冷冻，之后放入冷冻室中保存
洗净的**胡萝卜**在烫煮和冷冻前最好切成火柴棍状或圆柱体
罗马花椰菜和菜花在烫煮和冷冻前应择成小朵状
蚕豆在敞开冷冻后，经过精心存放，可保持原有的质地
菠菜略加烫煮，然后轻轻挤压以去除水分，再装入保鲜袋中
烫煮并冷冻整根**甜玉米棒**，或者竖直玉米棒，用锋利的刀沿边缘切下，剥下玉米粒，烫煮后再冷冻

如何冷冻香草

鲜美的香草经过冷冻保存，可以让你在用餐时常年享受到香草清新芳香的风味、植物精油及其色泽。不过由于在冷冻的过程中会改变其质地，所以最好用油或水进行冷冻，以便使用。因为冷冻香草不会像干燥的香草那样浓缩风味，所以使用时，应按新鲜香草的分量进行添加。

油封保存

切碎并倒油

新鲜香草叶经过冷冻会变软，所以可将其从茎秆上择下，放入食物料理机中，均匀打碎。每3汤匙香草末加入1汤匙特级初榨橄榄油。

装入保鲜袋

将香草碎末分成小份，用汤勺装入特小号的保鲜袋中。用油冷冻的香草可保存4个月之久。适合这种保存方法的香草有罗勒、西芹和芫荽。

水封保存

均匀切碎

冰块盒是冷冻诸如细洋葱、西芹、龙蒿、莳萝、细叶芹和芫荽一类的香草的理想方式。将这些香草叶从茎秆上择下，并在食物料理机中稍加打碎。或者也可以动手均匀切碎。

小贴士：冷冻香草适合于沙拉调料、热菜、酱汁、馅料和其他配料。如果可以冷冻成冰块，可以在从冰箱中取出后，直接投入到热菜锅中。这些冰块应在6个月内使用完毕。

装入托盘

在冰块格中填满香草碎末，加水至刚好盖住。将冰块盒放入冷冻室中大约2小时，或者直至香草冰块完全结冻。然后将香草冰块从盒中取出，用小号保鲜袋分装。

如何制作**香蒜青酱**

香蒜青酱是一种风味浓烈的调味酱，由芳香型香草末或味道强烈的香料，用油和浓奶酪（如帕尔马奶酪）混合而成。因为它不含任何盐、醋或糖，所以不宜久放；但用一层油密封，并排出空气后，可以存放长达2周之久。

小贴士：加入足量的橄榄油，可以让你获得所需的黏稠度。如果喜欢流质酱料，不妨稍微多加点儿油；如果希望较为紧密，就少加点儿油。

使用食物料理机

食物料理机是制作香蒜青酱最为快捷省事的方式。在食物料理机运行时，可以快速击碎所有的干燥原料，然后加入油，可以获得顺滑精致的调味酱。但注意每次不要加入太多油。

手工制作

虽然要花很多工夫，但香蒜青酱同样可以用杵和臼来制作。这样做会使其质地更为坚实，并让你有更多时间来判断油的需求量，以达到期望的黏稠度。根据口感进行调味并享用。

罗勒香蒜青酱

罗勒香蒜青酱是一种起源于意大利热那亚（Genoa）地区的传统香蒜青酱，这种风味刺鼻的调味品由新鲜罗勒叶制成，十分容易制作，如果你有食物料理机的话，会非常快捷。它可以与意大利面拌在一起，或加到压碎的嫩土豆中，美味极了。

1小罐

10~15分钟

2周（冷冻保存2个月）

原料

25克松仁
60克罗勒叶
1个大蒜瓣，去皮
40克帕尔马奶酪，均匀磨碎
90毫升特级初榨橄榄油，另外多备一些以密封香蒜青酱
海盐
新鲜研磨的黑胡椒粉

设备

煎锅
木勺
食物料理机或杵和臼
带盖的密封罐

松仁

罗勒叶

蒜瓣

帕尔马奶酪

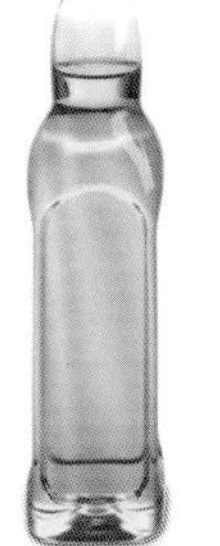
优质初榨橄榄油

海盐

黑胡椒

食物料理机

煎锅

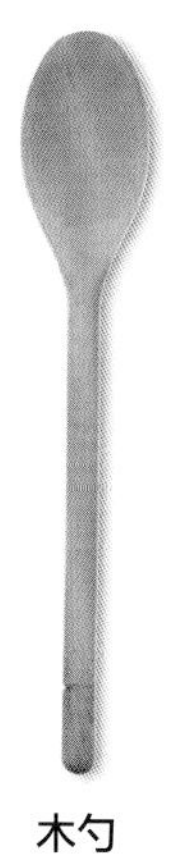
木勺

带盖的密封罐

1 在干净的煎锅中干煎松仁，并用小火烹煮2至3分钟，经常翻动，直至烤好但未变色。关火。

小心！松仁会被快速烧糊，所以要在小火下翻动，并保持有人照料。干煎松仁可以释放它们的风味，但如果加工时使其变色，就会丧失其奶油味。

如有需要，在切碎前，将罗勒叶洗净后稍加沥干

2 在食物料理机中放入松仁、罗勒和大蒜，打碎至糊状。或者使用杵和臼进行加工（参见35页）。

小贴士：时不时用铲子刮一刮料理机的侧面，使所有原料得到均匀加工。

3 在料理机中加入帕尔马奶酪。保持机器运转，从送料口慢慢倒入特级初榨橄榄油，直至完全混合在一起。

注意！不要担心料理机工作时，原料会被过分加工。充分混合不会影响香蒜青酱的风味。

将橄榄油慢慢倒入料理机中，使其和其他原料得到充分混合

4 根据口味，对香蒜青酱进行调味，然后用勺盛进已消毒的温热密封罐中。在香蒜青酱顶部淋上薄薄一层橄榄油进行密封。

提醒　香蒜青酱顶部的油层可以防止罐中的食物暴露在空气中，应确保所有的香蒜青酱完全浸泡在油层以下。

如何存放?

可以在冰箱中存放香蒜青酱长达2周。

如果制作了许多香蒜青酱，可以用小号冷冻保鲜罐或冰块盒冷冻存放2个月之久。只要记住从原料中剔除掉帕尔马奶酪，因为它在冷冻后会失去其风味。品尝前，解冻香蒜青酱，加入适量的帕尔马奶酪末进行搅拌即可。

哪里出错了?

香蒜青酱中的罗勒褪色了。这是由于它暴露在空气中的时间太久，已被氧化了。下次制作时，将刚做好的香蒜青酱小心存放在密封容器中，用油完全覆盖起来。这样做会防止香蒜青酱被氧化。

只采用新鲜的香草，确保你已经扔掉了那些已经略微变成棕色的茎和叶。

尝试其他组合

“pesto”（香蒜青酱）这个意大利语大体可以翻译为“被捣碎的东西”，并不涉及任何一种食谱，所以有大量的不同品种的香蒜青酱可供你尝试。西芹和核桃适合搭配在一起，芝麻菜、罗勒、西芹和细洋葱也可以配上腰果，而野生蒜苗和松仁更是绝妙的时令组合。

尝试更多的香蒜青酱食谱 ▸▸▸

芫荽和核桃香蒜青酱

1小罐

10分钟

冷藏保存
2周

原料

一把约30克的新鲜芫荽
1个大蒜瓣，去皮
30克核桃仁
大量黑胡椒粉
一大撮盐
30克帕尔马奶酪，刚刚磨碎
5汤匙特级初榨橄榄油

加工原料

芫荽去茎，用大号菜刀的刀腹轻轻压碎蒜瓣。将芫荽叶连同其他原料和1汤匙油放入食物料理机中，打碎几秒钟。

提醒 如果你希望调味酱粗糙点，可以用杵和臼来制作香蒜青酱。

添加油

保持食物料理机继续运转，**慢慢倒入剩余的油**，直至原料变成晶莹闪亮的糊状物。

装入罐中

用勺将香蒜青酱盛到已消毒的罐中，确保没有气孔后，在表面淋上橄榄油，以排出空气。密封并贴上标签，然后存放在冰箱中。

提醒 用油完全覆盖住香蒜青酱的表面，这点很重要，它可以阻止空气中的微生物进入香蒜青酱中，并饿死青酱中存活的微生物。如果你不能一餐吃完的话，可以在剩余的青酱上淋上大约1汤匙的橄榄油，然后拧紧盖子。

芝麻菜香蒜青酱

1小罐

15分钟

冷藏保存2周

原料

- 30克洗净的芝麻菜
- 1个去皮的蒜瓣
- 30克蓝莓，根据质地，压碎或切丁
- 45克烫煮并烤过的杏仁
- 4汤匙特级初榨橄榄油
- 盐和刚刚磨碎的黑胡椒

加工原料

将芝麻菜放入食物料理机中，用大号菜刀的刀腹轻轻压碎蒜瓣。再在料理机中加入大蒜、奶酪、杏仁和2汤匙的油，打碎几秒钟。

提醒 你可以用杵和臼来制作香蒜青酱，以获得更为粗糙的质地（参见35页）。

添加油

保持食物料理机继续运转，**慢慢倒入剩余的油**，直至原料变成晶莹闪亮的糊状物。根据口味，用盐和刚刚磨碎的胡椒进行调味。

装入罐中

用勺将香蒜青酱盛到已消毒的罐中，确保没有气孔后，在表面倒上橄榄油，以排出空气。密封并贴上标签，然后存放在冰箱中。

提醒 用油完全覆盖住香蒜青酱的表面，这点很重要，它可以阻止空气中的微生物进入香蒜青酱中，并饿死青酱中存活的微生物。如果你不能一餐吃完的话，可以在剩余的青酱上淋上大约1汤匙的橄榄油，然后拧紧盖子。

如何制作**油封蔬菜**

油本身不是保鲜剂，而是空气排出剂或密封剂，可以使蔬菜免受空气中微生物的侵扰，并饿死那些需氧菌。这样做可以激发出许多蔬菜的风味，所以值得用来短期保存食物。不过，蔬菜应先经过加工处理，以杀死任何可能存活的微生物。

酸化蔬菜

将蔬菜切碎，加入糖和盐，倒醋至刚好浸没，煮沸至表面软化，但中间非常紧实。醋酸会抑制绝大多数微生物的繁殖。加热会杀死那些导致变质的微生物和酶。

倒入油

在罐中倒入足量的橄榄油，以覆盖住蔬菜，阻止空气与食物接触。油会饿死靠氧气存活的需氧菌。轻轻按压蔬菜，以排出残存的气体。

意式蔬菜

2中罐　30分钟，另需1周　冷藏保存至2个月

原料

600克什锦时令蔬菜
约500毫升白葡萄酒醋
5茶匙砂糖
2茶匙海盐
约150毫升特级初榨橄榄油
调味品（干茴香籽、牛至粉、月桂叶、迷迭香、柠檬百里香和辣椒粉）

切碎蔬菜

洗净蔬菜并去皮，如有需要，以均匀尺寸（约1厘米厚）切片。

小贴士：茄子、茴香、小朵的菜花或罗马花椰菜、卷心菜、芹菜、胡萝卜、四季豆和彩椒应切碎。小葱和蘑菇可整颗待用。

用醋烫煮

在不锈钢炖锅中**放入一小把切好的蔬菜，**倒醋至刚好浸没。加入糖和盐，然后煮沸。

分批煮沸蔬菜，直至咬起来有嚼劲（表面软，中间硬）：嫩菜用2至3分钟，较硬的要用5至10分钟。测试时，可在用牙齿尝试前，用水冷却一片蔬菜，用两指挤压，或者用刀切成两半。然后用漏勺将蔬菜从平底锅中取出，用厨房纸巾拍干，待其冷却。重复此法以处理剩余的蔬菜。

装入罐中

将蔬菜装入已消毒的罐中，加入一些调味品。从1茶匙干茴香籽、1茶匙牛至粉、1片新鲜或干燥的月桂叶、1枝迷迭香、1枝柠檬百里香或1撮辣椒粉中进行选择。在上面倒入橄榄油，并在操作台上轻拍罐子，以去除任何气泡。加入更多的油以完全覆盖。密封并给罐头贴上标签，然后存放在冰箱中。开封前至少放置1周，使风味得以形成。根据需要在上面倒入更多的油，使蔬菜始终被油所覆盖。

小心！确保蔬菜表面没有暴露在空气中，使其免于微生物的侵扰。

油封什锦彩椒

2中罐

40分钟

冷藏保存
3~4周

原料

3个红色彩椒
3个橙色彩椒
3个黄色彩椒
1汤匙牛至粉
海盐
刚刚研磨好的黑胡椒粉
2汤匙特级初榨橄榄油，多备用于填满
2汤匙苹果醋

烤制彩椒

将烤箱预热至200℃。将彩椒放入烤盘中，在烤箱中烤制20至30分钟，直至微焦——表皮从椒肉上皱起，并烧出斑点。然后趁着彩椒还热乎，立刻放入三明治中或装入保鲜袋。扎紧袋口，使其冷却。

为什么这么做？袋中的水汽会使表皮松弛，更容易剥皮。

处理彩椒

将彩椒切成两半，去籽。然后剥皮去茎。将椒肉粗略切成长条，并放入碗中，加入牛至、盐和黑胡椒。将油和醋混合在一起，倒入碗中，与彩椒一起进行搅拌。

装入罐中

用勺将彩椒盛入已消毒的罐中，并倒入碗中的汤汁。加入足量的橄榄油，直至彩椒完全被浸泡。密封并贴上标签，然后放入冰箱冷藏。根据需要，用更多的油填满，确保蔬菜一直被油所覆盖。在1个月内品尝完毕。

油封朝鲜蓟

1小罐

45分钟

冷藏保存2个月

原料

10颗嫩朝鲜蓟

300毫升白葡萄酒醋

1汤匙海盐

若干根百里香小枝

制作腌泡汁的原料

450毫升特级初榨橄榄油

75毫升白葡萄酒醋

一把黑胡椒子

准备朝鲜蓟

修剪朝鲜蓟的茎，剥去外面的叶子（有5至6层），保留色泽较浅且较为柔软的叶子。从顶部向下切掉约2.5厘米，然后扔掉。朝鲜蓟中间毛茸茸并如丝绸般的小朵，被称为"保护层"，不能吃。去掉"保护层"，露出下面多汁的内芯。整棵留用或切成两半。

烫煮朝鲜蓟

在平底锅或厚底不锈钢炖锅中**倒入醋和盐**，加300毫升水并煮沸。放入朝鲜蓟，煨炖3至5分钟，直至咬起来有嚼劲。沥干，放至冷却，纵向切成四瓣。

提醒　醋酸可以抑制绝大多数微生物的繁殖。加热同样也可以杀死那些导致变质的微生物和酶。

调配腌泡汁

在锅中放入制作腌泡汁的原料，煮沸。加入朝鲜蓟并混合在一起。再次煮沸，然后关火。让朝鲜蓟在腌泡汁中冷却。

装入罐中

将朝鲜蓟放入带有非金属盖或抗酸盖的已消毒的罐中。如有，可加入百里香小枝。倒入所有的腌泡汁，使其完全覆盖住蔬菜。密封并贴上标签，再放入冰箱冷藏。

小心！ 品尝朝鲜蓟时，保持罐中装满油，确保朝鲜蓟没有暴露在空气中。建议在2个月内吃完。

如何制作**瓶装酒味水果**

将新鲜水果放入瓶中用酒保存可能是最为简便的保存方式，并且由于微生物无法在高浓度的酒精中存活，所以几乎没有保存期限。将多汁味甜的水果和酒（如白兰地、朗姆酒、威士忌、伏特加或者杜松子酒）混合在一起，可以制作出最棒的美味，可尽情享受。

冷酒瓶装法

加入糖和酒

将未经挤压或破损的新鲜水果轻轻装入已消毒的广口保鲜罐中。添加约为罐体三分之一的糖分，并倒入足量的酒，以完全覆盖水果。

溶解糖分

在操作台上轻拍保鲜罐，以排出所有气泡，然后密封起来。糖分会在酒中逐渐溶解，但是可以偶尔晃动一下保鲜罐，以促使糖分完全溶解。

热糖浆法

制作糖浆

在炖锅中倒入冷水，加糖（每600毫升水加115至250克糖），然后小火加热，不停搅拌，直至糖分完全溶解。煮沸并煨炖5分钟。将水果浸入糖浆中，并再次煮沸。

烫煮水果并增添风味

将火调小，根据食谱简单烫煮一下水果。再用漏勺取出水果，放至冷却。如果喜欢的话，还可以在烫煮后，通过添加包含香料颗粒的调料袋来给糖浆增添风味（参见57页）。将糖浆再次加热至沸腾，并快速煮沸若干分钟。罐装前稍微冷却一下，然后用酒填满。

苦杏酒腌杏肉和杏仁

1大罐

20分钟，另需4周

12个月

原料

85克砂糖

450克杏，切成两半并去核

60克烫煮过的杏仁

约250毫升苦杏酒

小贴士：如果想要在将杏装瓶前先剥去果皮，可以将整颗杏放入开水碗中泡浸泡1分钟，然后放到冷水碗中，剥掉果皮（参见28页）。

制作糖浆

在大号炖锅中放入糖和150毫升水，用小火加热并不停地搅拌，直至糖分完全溶解。

小心！确保溶液中没有任何糖结晶。

烫煮杏

将一半杏以单层形式放入平底锅的糖浆中。煮沸后继续加热1分钟，直至杏肉略微变软，但形状仍保持完好。

提醒　用这种方法分批加热杏，意味着水需要再次快速煮沸，水果应被覆盖并均匀炖煮。

用漏勺将杏肉盛入已消毒的罐中，并倒入一半杏仁。重复操作，烫煮剩余的杏。

添加糖浆和苦杏酒

将平底锅放回炉子上，煮沸糖浆，再倒入罐中。加入足量的苦杏酒，直至杏肉完全被覆盖。放置冷却，密封并贴上标签，然后轻轻倒置几次，使糖浆和酒混合在一起。在阴暗凉爽的地方保存4周，等待风味成熟，开封后冷藏保存。

白兰地腌樱桃

3小罐

10分钟，另需4周

12个月甚至更久

原料

500克刚刚成熟的甜樱桃或酸樱桃，洗净并去茎

约175克细白砂糖

约350毫升白兰地

罐装水果

扔掉品相不佳的水果，然后将剩余的水果装入已消毒的广口保鲜罐中。

注意！如果你不确定每罐中应放入多少水果，可以在不挤压或损坏的情况下尽可能多地添加水果。

添加糖和酒

按罐体的三分之一**添加足量的糖**，在罐中倒入足够多的白兰地以覆盖水果。

小贴士：试着按1/4至1/3的糖对应3/4至2/3的酒这一比例在罐中进行添加，以确保糖分可以完全溶解在酒中，并且不会让最终的利口酒*带有颗粒感。

排出气泡

在操作台上**轻拍每个保鲜罐**，排出所有气泡，确保空气中的微生物没有与食物接触，从而导致其变质。然后密封并贴上标签，保存在阴暗凉爽的地方。

溶解糖分并使风味成熟

偶尔将保鲜罐倒置几天，或者进行摇晃，促使糖分在酒中溶解。在阴暗凉爽的地方存放4周，使风味成熟，并在开封后冷藏保存。

白兰地腌李子：使用等量的李子、细白砂糖和白兰地。罐装前，可用叉子或缝补针刺破李子。如果李子个头很大，可切成两半后去核。

---

* 利口酒泛指酒中添加了天然芳香药用动植物并具有一定保健作用的饮料配制甜酒。——译者注

伏特加腌金橘

1大罐

10分钟，另需2~3个月

12个月

原料

500克金橘，洗净擦干并干燥处理

6个小豆蔻荚（可选用）

约175克细白砂糖

约360毫升伏特加

特殊工具

牙签或缝补针

罐装水果

用牙签或缝补针**刺破金橘的表皮**，然后装入已消毒的保鲜罐中，注意不要挤压或损坏它们。

为什么这么做？刺破水果非常重要，这样做可以使伏特加渗入到水果中，既可以用来保存水果，又使其充满风味。

如果有使用小豆蔻荚，可用杵或刀腹轻轻压破。希望在打开豆荚的同时不让种子跑出来。

添加糖和酒

按罐体的三分之一**添加足量的糖**，然后在罐中加满伏特加，使其完全覆盖水果。

小贴士：试着按1/4至1/3的糖对应3/4至2/3的酒这一比例在罐中添加。

排出气泡

在操作台上轻拍保鲜罐，排出所有气泡，然后密封并贴上标签。在随后的几天里，偶尔倒置保鲜罐或进行摇晃，以促使糖分在酒中溶解。在阴暗凉爽的地方保存2至3个月，等待风味成熟。开封后冷藏保存，并在2周内吃完。

杜松子酒腌黑刺李

1大罐

20分钟，另需3个月

12个月

原料

约225克新鲜或冷冻过的黑刺李（如有冷冻过，可在室温下解冻）

85克细白砂糖

4颗杜松子，轻轻压碎

几滴天然杏仁精

约350毫升杜松子酒

特殊工具

牙签或缝补针

罐装水果

用牙签或缝补针刺破每个黑刺李。如果黑刺李有冷冻过，就无需刺破了。

为什么这么做? 刺破黑刺李可以释放出更多的风味。如果你觉得这样做太麻烦，可以预先将它们稍微冷冻几小时，冷冻可以软化果皮。如果是在第一次霜冻后挑选黑刺李的话，就无需刺破它们了。

将黑刺李放入已消毒的玻璃瓶中。

添加糖和酒

添加糖、杜松子和杏仁精。在玻璃瓶中倒入足量的杜松子酒并覆盖住水果。密封后贴上标签。

小贴士： 本食谱使用的糖分较少，所以如果你偏爱较甜的利口酒，可以增加糖的使用量。

混合原料

轻轻摇晃玻璃瓶或者倒置若干次，使所有原料混合在一起。在阴暗凉爽的地方放置3个月，并偶尔摇晃下玻璃瓶。

过滤利口酒

将酒液过滤到已消毒的玻璃瓶中，密封起来，根据需求使用。

杜松子酒腌西洋李子： 如果你喜欢（或者找不到黑刺李），可以用西洋李子来替换黑刺李。保持分量及其他所有原料相同，但请注意你可能需要一个广口的玻璃瓶。

如何通过简单盐渍保存食物

柠檬和某些蔬菜经过盐渍保存后十分美味，风味醇香浓郁，质地更加柔和。如果保存在冰箱里，绝大数盐渍蔬菜可以放上数周或若干月。柠檬则可以保存6至9个月。

用滤锅进行盐渍

有些蔬菜，如卷心菜，可以用盐析出水分来进行简单腌制。将切成片的卷心菜放入大号滤锅中，撒盐并用手抓匀。使盐完全渗入，直至蔬菜条开始变潮。将滤锅放在碗上，在室温下放置一夜。碗会接住蔬菜滴下的汤汁。

调配慢速冷卤水

将水果或蔬菜装入罐中并压紧。在每一层和任何角落撒上大量的盐，直至食谱中推荐的分量用完。在罐中加满凉开水，然后密封起来。为了促使盐分溶解，可以轻轻摇晃罐子。两周内每天重复这一过程，盐分将会逐渐在水中溶解，并形成卤水。

小心！罐装时避免使用带有无内衬金属盖的罐子，这种盖子会被腐蚀，并导致食物变质。始终使用带有抗酸盖的罐子，这种盖子有塑料内衬。如果是重复利用罐子，为了获得最佳效果，最好选择使用新的盖子。

调配热卤水

这种方法需要确保从刚一开始就溶解盐分。可以将盐和水加入炖锅中，文火加热，搅拌至盐分完全溶解。煮沸卤水，然后倒入装有蔬菜和调味品的已消毒的罐中。

腌柠檬

1大罐

10分钟，另需3至4周

冷藏保存6至9个月

原料

- 4个未上蜡的柠檬
- 115克粗糙的海盐
- 若干片月桂叶
- 半茶匙黑胡椒子
- 1个干辣椒
- 一点儿丁香，或芫荽或莳萝籽（可选用）
- 用2个额外的柠檬现场挤汁

切开柠檬

从每个柠檬的顶部深深切开三分之二。然后切十字，同样至三分之二处，这样你可以获得切成四瓣但底部仍然连在一起的柠檬。

用盐盛装

轻轻掰开柠檬的每一小瓣，将盐塞入缝隙中，再将其装入已消毒的保鲜罐中，并加入调味料。将剩余的盐倒入罐中。

制作卤水

倒入柠檬汁，如有需要，可以用凉开水装满玻璃罐并完全覆盖住柠檬。密封后在室温下保存。放置3至4周，使柠檬皮软化。偶尔摇晃或倒置玻璃罐，促使盐分溶解并形成卤水。可以在沙拉、酱汁、色拉调味汁、辣调味汁或摩洛哥炖菜中使用盐渍过的柠檬。

莳萝腌黄瓜

1大罐

30分钟，另需4至6周

2周，开封后冷藏保存

原料

30克海盐

4汤匙剁碎的莳萝

1汤匙剁碎的龙蒿

1茶匙黑胡椒子

1茶匙芹菜籽

2根约18厘米长的带棱黄瓜，纵向切成四瓣，或者8根泡菜小黄瓜，整根留用

4个腌洋葱或4根青葱，去皮并切成大块

制作卤水

在炖锅中放入盐和600毫升水，小火加热并搅拌至盐分溶解，并且在水中看不到盐结晶。煮沸后从炉子上移走。

装入罐中

在已消毒的平底锅底部**放入一半的新鲜香草**、胡椒子和芹菜籽。在上面放黄瓜条和洋葱片，再用剩余的香草覆盖住。

倒入卤水

倒入足量的沸腾卤水，以完全覆盖黄瓜和调味料。密封并贴上标签，在阴暗凉爽的地方保存4至6周。一旦开封，需要放入冰箱中储存。

朝鲜泡菜

450至600克

25分钟，另需4至5天

冷藏保存2周

原料

1棵小白菜，切成5厘米长

1汤匙海盐

4根切碎的大葱

2.5厘米长的新鲜生姜，去皮切碎

4汤匙米醋

1汤匙泰式鱼酱（泰国鱼露）

1个酸橙榨汁

1汤匙芝麻油

1汤匙炒熟的芝麻

1汤匙辣椒酱

特殊工具

大号塑料容器

盐渍菜叶

将切碎的菜叶放入滤锅中，并置于碗上。加盐并用手充分拌匀。

在室温下放置过夜。第二天，用水清洗掉所有盐分。沥干水分，并用厨房纸巾彻底擦干。再将菜叶放入塑料容器中，加入剩余的食材，拌匀后密封。

腌泡菜叶

在室温下腌泡一整夜，然后放入冰箱冷藏若干天。继续冷藏，并在2周内吃完。

如何制作**泡菜**

腌渍是将食物保存在醋中，而醋是一种非常高效的保鲜剂。简单的腌渍过程可以将水果和蔬菜转化成鲜嫩脆爽、辛辣可口并且方便食用的调味品。腌渍只需简单的两步：先通过盐渍或盐浸析出水分，然后将食物浸泡到热醋或冷醋中。

干腌法适合水分较多的蔬菜，如黄瓜。干腌法可以使蔬菜更加紧实

盐渍

为了让泡菜保持脆嫩，需要去除多余的水分。在碗中码一层盐，上面放一层蔬菜片，重复操作，最后撒一大把盐。在室温下放置24小时，然后冲掉所有的盐分。

卤制

水分较少的食物最适合浸泡在卤水中。用凉水将盐化开，形成盐水溶液。将蔬菜放到碗中，倒入足够的盐水溶液，直至将蔬菜完全覆盖。在凉爽处浸泡12至48小时。然后用水冲洗蔬菜。去除蔬菜中的部分水分同样可以防止醋被稀释，否则会削弱其保鲜的效果。

每升水大约加75克盐

在卤水中浸泡蔬菜，可以洗出水分，并使其稍加软化

冷泡

将蔬菜装入已消毒的广口罐中。为了使凉泡菜爽口，可倒入足量的冷醋直至完全将蔬菜覆盖住。在罐顶预留1厘米的空间。然后用非金属盖或防醋盖密封起来。

热卤

使用热醋可以让泡菜的口感更加柔软，同时也可以加入香料包进行调味。将醋用炖锅煮沸约5分钟，直至减少约三分之一，然后小心倒满玻璃罐，使蔬菜完全被覆盖住。用非金属盖或防醋盖密封起来。

腌嫩黄瓜

2小罐

1天，另需3至4周

至少6个月

原料

500克泡菜小黄瓜，清洗干净并用布擦干
125克海盐
3至4根去皮的青葱
3至4个剥皮的蒜瓣（可选用）
2至3个干辣椒（可选用）
半茶匙芫荽籽、胡椒子和莳萝籽，或者一片粉碎的干月桂叶
2根莳萝枝、龙蒿枝或百香里枝
1片洗净的藤叶（可选用）
约750毫升白葡萄酒醋

准备黄瓜

切除黄瓜的茎和干花，纵向切成四瓣。如果无法整根放入罐中，可切成3毫米的薄片。

盐渍黄瓜

在玻璃碗或陶瓷碗中**放一点盐**，码一层黄瓜，重复操作直至黄瓜全部放入碗中。将剩余的盐撒在最上面，在室温下放置24小时。

提醒 黄瓜经过盐渍后，会析出部分水分并且变得更为紧实。这样做是为了防止黄瓜释放出多余的水分，从而稀释醋液。

装入罐中

水洗黄瓜，冲掉盐分，再装入罐中，上面留有1厘米的空间。加入葱、蒜瓣（如有）、香料和香草。使用莳萝，可以获得传统的风味；加入藤叶的话，则可以使泡菜更爽脆，因为藤叶中的单宁可以使泡菜保持鲜脆。

添加醋

倒入足量的醋，完全覆盖住黄瓜。用非金属盖或防醋盖密封起来，贴上标签，然后在阴暗凉爽的地方存放3至4周，等待风味成熟。

小贴士：用木夹而不是叉子或者汤勺来取用泡菜，以免给泡菜带上金属味。

什锦泡菜

2中罐

1天，另需10天

冷藏保存3个月

原料

1升白葡萄酒醋
混合的香料颗粒（参见操作方法）
60克海盐
1颗小菜花，切成小朵
1颗大洋葱，切成大片
2根胡萝卜，去皮切片
10个樱桃番茄
5根墨西哥辣椒，整根留用（可选用）
1茶匙芫荽籽
1茶匙芥末籽

调配腌泡醋

将选好的香料放到一块方形的平纹细布上，你可以使用手上已有的任意香料，也可以选择下面的所有香料或其中一种：1汤匙黑胡椒子、半茶匙丁香、1茶匙肉豆蔻碎片、1汤匙多香果、1汤匙芥末籽、1个压碎的干红辣椒、1片月桂叶、半根掰碎的肉桂、半茶匙小豆蔻荚和2个压碎的蒜瓣。在平底锅中倒醋，放入香料包，煮沸10分钟。将平底锅放在一边，冷却后取出香料包，同时用滤网将醋液过滤至量壶中。

卤水浸泡

制作卤水时，在大号玻璃碗或陶瓷碗中，用600毫升的水将盐化开。充分搅拌使其溶解，直至看不到盐结晶。放入蔬菜，盖上盘子，使其浸泡在卤水中，然后在室温下放置一整夜。

小贴士：如果准备的蔬菜总重超过500克，你需要更多的卤水，可参考每100毫升水对应10克盐这一比例。

用量壶**将醋、芫荽籽和芥末籽混合**在一起，然后放置在一旁。

装入罐中

水洗蔬菜，冲掉盐分，沥干，并用厨房纸巾擦干。一层层放入已消毒的罐中，倒入腌泡醋至完全覆盖住蔬菜。用非金属盖或防醋盖密封起来，并贴上标签。室温下放置2天，开封前至少在冰箱中冷藏1周。开封后，应冷藏保存。

紫甘蓝泡菜

2小罐

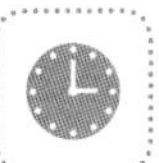
1天，另需5~6天

冷藏保存3个月

原料

675克紫甘蓝，去芯切碎
1颗红洋葱，切片
3汤匙海盐
600毫升白葡萄酒醋
125克浅色粗糖或细白砂糖
1茶匙芥末籽
1茶匙芫荽籽

盐渍紫甘蓝

在大号玻璃碗或陶瓷碗中，**将紫甘蓝、洋葱和盐混合搅拌**，直至蔬菜上都裹上盐。再将它们放入滤锅中，上面用盘子压住。室温下放置一整夜。

为什么这么做？盐分可以去除菜叶中的水分，盘子可以让更多的菜叶表面接触到盐分。

调配醋混合液

将醋倒入大号量壶中，加糖和香料，搅拌混合，使糖分溶解，盖好并放置一整夜。

准备蔬菜

用冷自来水**将蔬菜上的盐分冲洗干净**。沥干，并用厨房纸巾擦干。蔬菜应被彻底擦干，避免醋被稀释。

装入罐中

将蔬菜装入已消毒的罐中。搅拌醋混合液，倒在蔬菜上，直至完全覆盖住。用非金属盖或防醋盖密封起来，贴上标签，并在阴暗凉爽的地方存放1周。然后再转移到冰箱中，保存1个月，等待风味成熟。开封后，应冷藏保存。

小心！确保蔬菜被醋混合液完全覆盖住，不会接触到空气中的微生物。

辣泡菜

3中罐

1天，另需1个月

6个月

原料

60克海盐
1颗大菜花，切成小朵
2颗大洋葱，去皮，分成四瓣，均匀切片；或者使用腌洋葱
900克什锦蔬菜，如西葫芦、红花菜豆、胡萝卜、青豆，切成适合一口吃的形状
2汤匙面粉
225克砂糖
1汤匙姜黄粉
60克英式芥末粉
900毫升用香料调制过的腌渍醋（参见59页）

卤水浸泡

在大号玻璃碗或陶瓷碗中**放入盐**和1.2升水，并均匀搅拌。加入蔬菜，并盖上盘子，使蔬菜浸泡在液体中，室温下放置一整夜。

烫煮蔬菜

水洗蔬菜，冲掉卤水。煮沸一大锅水，放入一半蔬菜，烫煮约2分钟。沥干，并立刻浸入冷水中。重复处理剩余的蔬菜。每批蔬菜的分量尽量少一些，这样不会把锅塞得太满。当水再次沸腾时，才开始烫煮。

小贴士：烹煮蔬菜直至它们咬起来有嚼劲，还是脆脆的。切记不要煮过头了。

调配香料醋酱

调配调味酱，在小碗中放入面粉、糖、姜黄粉和芥末粉，加一点醋进行搅拌。再转移到大号不锈钢炖锅中，倒入剩余的醋，煮沸，并不停地搅拌。

为什么这么做？将食物混合成糊状可以使它们结合在一起。加醋后，可以将食材稀释成疏松的糊状，接着变成顺滑的酱汁。不停搅动酱汁，确保接下来食材不会分离结块。

将香料醋煨炖15分钟，然后从炉子上移开。在平底锅中加入蔬菜，搅拌至蔬菜均匀沾满酱汁，然后盛入已消毒的罐中。用非金属盖或防醋盖密封起来，贴上标签，在阴暗凉爽的地方存放至少1个月，等待风味成熟。开封后，应冷藏保存。

小贴士：罐装时，向下压紧辣泡菜，以去除气孔，确保食物不会接触到空气中的微生物，从而导致变质。

如何制作冷泡菜

与传统泡菜相比，冷泡菜无需使用等量的醋、盐和糖，因为冷冻的过程本身就是相当有效的保鲜过程。冷泡菜还可以保留蔬菜的色泽、风味和爽脆感。加入醋、盐和糖，可以获得与泡菜相似的口感。

盐渍

在蔬菜片和叶子上撒盐，放置2小时，析出水分。这样做可以在冷冻和解冻后，保留原有的质地。冲掉盐分，防止蔬菜片太咸。充分沥干并拍干，以去除剩余的水分。

腌制

在蔬菜上倒入醋、糖和香料的混合液，冷藏一夜，使风味成熟。无需完全覆盖蔬菜，因为冷藏时可以提供无菌且不通风的环境，一般来说这是通过醋来实现的。

黄油面包冷泡菜

350~450克

2小时15分钟

6个月

原料

2根大黄瓜，擦净并切成薄片
2根青葱，细细切碎
半个青椒，切碎（可选用）
1至2茶匙海盐
120毫升苹果醋或酒醋
30至60克细白砂糖
一大撮姜黄粉
一大撮芹菜籽或莳萝籽，或者半茶匙至1茶匙芥末籽

盐渍蔬菜

在大号玻璃碗或陶瓷碗中，**将黄瓜、葱、青椒**（如有使用）**和盐混合搅拌**，直至蔬菜裹满盐分。室温下放置2小时。

提醒　盐分可以析出蔬菜中的水分。

准备蔬菜

将蔬菜转移到滤锅中，冲掉盐分，充分沥干，用手轻轻压一压，以排出水分，再放入干燥的碗中。

浸泡在香料醋中

根据口味，**混合醋**和糖，搅拌以使糖分溶解。加入香料，在蔬菜上倒上香料醋。用盘子盖好，在冰箱中浸泡一整夜，于冷冻前形成传统的泡菜风味。

为什么这么做？冷冻前先浸泡一下很重要，因为一旦泡菜冷冻起来，风味不再会加深和混合。

小贴士：如果你喜欢辛辣的泡菜，可以少加点儿盐。口味较淡的话，可多加点儿糖。

装入罐中

将泡菜分装进小分量的冷冻保鲜罐中，顶部留出1厘米的空间可供膨胀。密封并贴上标签，注明日期后冷冻起来。品尝时，先在冰箱中解冻一整夜，然后冷藏保存，并在1周内吃完。

如何制作**酸辣酱**

酸辣酱又甜又酸且方便食用，由蔬菜、水果、香料和干果混合在一起，用醋、盐和糖慢炖后有效保存而成。烹煮酸辣酱时的加热过程可以杀死绝大数微生物。制作这种美味可口、风味浓郁的食物时只有两点需要注意。

慢炖混合物

慢炖是制作时的黄金法则。切块的水果和蔬菜与香料、糖和醋混合烹煮时，要偶尔进行搅拌。但随着混合物变稠，应提高搅拌的频率，以防止其黏在锅底并导致焦糊，这样会使酸辣酱带上烧焦的苦味。

小贴士：糖是所有酸辣酱中的关键原料，因为它能防止果肉和果皮以及蔬菜软化过度而变成了糊状。在将混合物煮沸前，应确保糖分已经溶解。

注意检测

用木勺在锅底滑动。如果滑动后锅底留有一小会儿的清晰痕迹，说明酸辣酱已经做好了。如果痕迹被许多液体立刻盖上，需继续烹煮酸辣酱一会儿，然后再检测。罐装后，应在食用前至少存放1个月，等待风味成熟。

动动手之制作

李子酸辣酱

这款美味可口、风味浓郁的酸辣酱的奥秘在于时间，它需要长时间的文火烹煮，以及开封前等待风味的成熟。这一基本食谱适合所有时令食物，所以不妨用不同的水果和蔬菜来进行尝试，只要保持所有分量相同即可。

3大罐

约2个小时，另需1~2个月

12个月

李子

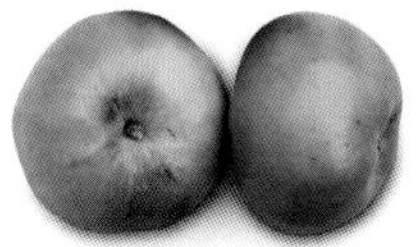
烹煮过的苹果

洋葱

原料

- 1千克李子
- 350克烹煮过的苹果
- 250克洋葱
- 125克葡萄干
- 300克浅色黄糖
- 1茶匙海盐
- 1茶匙多香果、肉桂和芫荽，如有可能请现磨
- 1根干辣椒或半茶匙干辣椒末
- 1茶匙茴香子（可选用）
- 600毫升白葡萄酒醋或苹果醋

葡萄干

浅色黄糖

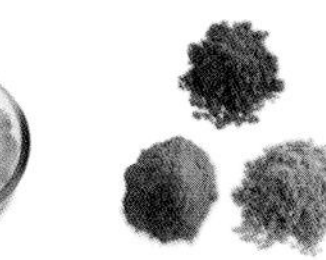
海盐

香料

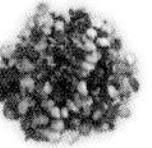
干辣椒末

锋利的刀

茴香子

葡萄酒醋

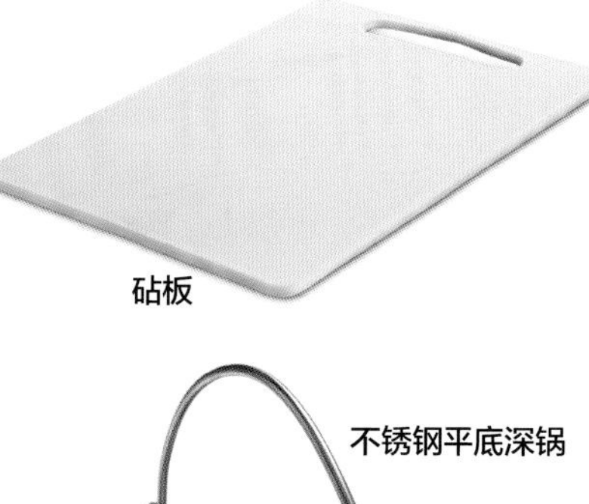
砧板

设备

- 锋利的菜刀
- 砧板
- 不锈钢平底深锅或大号的厚底不锈钢炖锅
- 大号木勺
- 广口果酱漏斗
- 长柄勺
- 带抗酸盖或玻璃纸面和橡皮筋的玻璃罐
- 若干张圆形蜡纸

不锈钢平底深锅

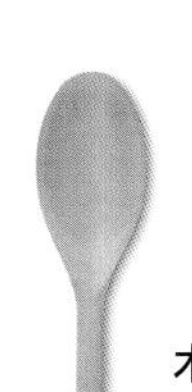
木勺

广口果酱漏斗

长柄勺

玻璃罐

圆形蜡纸和玻璃纸

1 将洋葱去皮后，均匀切片。将李子切半去核，再切成四瓣。烹煮过的苹果去核削皮，切成适合一口吃的大小。

小贴士： 你可以使用略微熟过头或品质稍次的食材，但要将所有破损的部分小心切除并扔掉。酸辣酱的品质取决于这种小心谨慎的程度。

将食材切成大小相当的小丁，可以使酸辣酱质地上佳，并可用汤匙连续取用

用木勺搅拌混合物直至糖分溶解

2 将所有食材倒入平底深锅或大号的厚底不锈钢炖锅中，慢慢煮沸，搅拌至糖分溶解。

为什么这么做？ 平底锅的材质应为不锈钢，而不是黄铜、铜或者铁，这一点很重要，因为这些金属会与醋发生反应，让酸辣酱成品带上金属味。

3 将火调小，文火煨炖1至1.5小时。在平底锅底用木勺滑动混合物，以检测酸辣酱。

小心！ 确保在烹煮快结束时经常搅动混合物，避免出现结底焦糊的现象。

如果留下清晰的痕迹，说明酸辣酱已经做好了。它应有如果酱般黏稠的浓度，看起来有光泽

用漏斗向已消毒的玻璃罐中装入酸辣酱

将玻璃罐放在托盘或木板上，以接住所有的滴落物

确保填满的玻璃罐中没有气孔

4 检查调味品，如有必要，多加一点盐，然后装入已消毒的温热的玻璃罐中。在热酸辣酱上盖圆形蜡纸，然后密封起来。

小心！醋会腐蚀金属，所以请用塑料盖或者带塑料密封圈或塑料纸的金属盖。

如何存放？

将密封的玻璃罐放在阴暗凉爽的地方，等待1至2个月，使风味成熟。如果直接食用，酸辣酱尝起来会粗糙乏味。

哪里出错了？

罐中的酸辣酱缩水了。可能是因为盖子没有盖紧，从而导致水分流失。应确保每个玻璃罐都被仔细密封。

罐顶集满液体。说明酸辣酱的烹煮时间不够长，应文火炖煮，直至液体被蒸发掉。

酸辣酱开始发酵。说明醋液浓度太低，存放的环境太温暖，或者酸辣酱的烹煮时间不够久。应将这样的酸辣酱扔掉。

出现霉菌和难闻的刺鼻味。说明酸辣酱被污染了，应扔掉这样的酸辣酱，然后给所有工具进行消毒。

尝试更多酸辣酱食谱 ▶▶▶

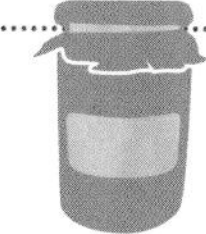

红花菜豆和西葫芦酸辣酱

3中罐

2小时

9个月

原料

- 600克红花菜豆，切成细丝
- 4根西葫芦，切成细丝
- 350克烹煮过的苹果，削皮去核后切块
- 2颗洋葱，切碎
- 450克浅色黄糖
- 1茶匙芥末粉
- 1茶匙姜黄粉
- 1茶匙芫荽籽
- 600毫升苹果醋

烹煮食材

将所有食材倒入平底深锅或大号的厚底不锈钢炖锅中。小火炖煮，搅拌至糖分溶解。煮沸并滚沸加热10分钟，偶尔搅拌。然后将火调小，小火煨炖混合物约1.5小时。

小心！烹煮快结束时不停搅动，防止混合物黏在锅底，导致焦糊。

盛入罐中

检测酸辣酱是否做好了，可用勺子在锅底滑动，看看是否会留下清晰的痕迹。装入已消毒的玻璃罐中，用圆形蜡纸盖上，阻止微生物与食物接触，同时防止其变干涸。圆形蜡纸有蜡的一侧朝下放置，用非金属盖或抗酸盖密封起来。贴上标签，在阴暗凉爽的地方存放至少1个月，等待风味变得成熟醇香。开封后，应冷藏保存。

小贴士：罐装时压紧酸辣酱，以去除所有气体，它们会滋生微生物。

番茄和烤辣椒酸辣酱

3中罐

2小时20分钟

9个月

原料

1个红色彩椒
1个橙色彩椒
1个黄色彩椒
1.35千克成熟的番茄
2颗洋葱，稍加切碎
450克砂糖
600毫升白葡萄酒醋

准备彩椒

将烤箱预热至200℃，再将彩椒放在烤盘中，烤制25至30分钟，直至微焦。同时准备番茄，将它们放入开水中浸泡1分钟，然后剥皮。彩椒煮好后，趁热放入塑料袋中，放至冷却。冷却后，从袋中取出，用手指轻轻撕皮，然后扔掉。去籽择茎，将椒肉切大块。

为什么这么做？在塑料袋中冷却彩椒会产生凝结的水珠，方便剥皮。

切碎蔬菜

将去皮的番茄、切好的彩椒连同洋葱一起放进食物料理机中，稍加打碎，但不要成糊状。或者也可以动手将蔬菜切碎。

烹煮食材

将所有食材倒入平底深锅或大号的厚底不锈钢炖锅中。小火炖煮，搅拌至糖分溶解。加热至沸腾，然后调小火，煨炖混合物约1.5小时，直至变稠成果酱般的质地。

小心！快结束时不停搅拌，不要让混合物结在平底锅底变糊。

装入罐中

检测酸辣酱是否已经做好了，用勺子在平底锅底滑动，看看是否留有清晰的痕迹。装入已消毒的玻璃罐中，确保没有会滋生微生物的气孔。盖上圆形蜡纸，并用非金属盖或抗酸盖密封起来。贴上标签，在阴暗凉爽的地方存放至少1个月，等待风味成熟。开封后，应冷藏保存。

如何制作**开胃菜**

开胃菜一半是泡菜，一半是酸辣酱，是一种脆爽可口、又甜又酸的调味品，由水果和蔬菜切丁加糖和醋制成，通常还会加点香料。开胃菜可以提升菜色，甚至比酸辣酱更容易制作，它们的烹煮时间较短，也没有那么浓稠，当然这也意味着它们的保质期没有那么长。

小火慢炖

将蔬菜均匀切成适合用勺取用的大小。再将食材倒入大号平底锅中，用小火烹煮并搅拌以溶解糖分，然后煮沸。煨炖15至20分钟，经常搅拌，直至略微变稠，绝大部分的液体被蒸发掉。

装入罐中

趁开胃菜仍然相当潮湿，从炉子上移走，再用长柄勺装入已消毒的温热的玻璃罐中，并用非金属盖或抗酸盖密封起来。开胃菜可以直接食用，但开封后应放入冰箱中冷藏保存。

甜玉米和辣椒开胃菜

2小罐　35~40分钟　3个月

原料

- 4根甜玉米棒
- 2个中等大小的红色彩椒，或1个青椒和1个红色彩椒，去籽并切丁
- 2根芹菜，切薄片
- 1个红辣椒，去籽并切丁（可选用）
- 1颗中等大小的洋葱，切薄片
- 450毫升白葡萄酒醋
- 225克砂糖
- 2茶匙海盐
- 2茶匙芥末粉
- 半茶匙姜黄粉

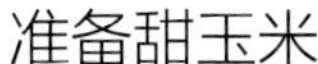

准备甜玉米

单手竖直玉米棒，用锋利的刀沿边缘**将玉米粒从玉米棒上切下来**。煮一锅水，用开水烫煮甜玉米粒2分钟。充分沥干。

烹煮食材

将所有食材倒入平底深锅或大号的厚底不锈钢炖锅中，加热混合物，并搅拌至糖分溶解。煮沸后，将火调小，小火煨炖15至20分钟，并经常搅拌。

罐装开胃菜

用勺子在平底锅底滑动，**检测开胃菜是否已经做好了**。如果只有少量液体，说明开胃菜已经做好了。装入罐中，盖上蜡纸，用非金属盖或抗酸盖密封起来，并贴上标签。开封后，应冷藏保存。

小贴士：开胃菜适合搭配汉堡和烤肉。虽然开胃菜可以直接食用，不过存放几周后，风味会有所提升。

辣胡萝卜开胃菜

1小罐

约1小时

3个月

原料

2茶匙芫荽籽
一把小豆蔻荚
2.5厘米长的新鲜生姜
500克磨碎的胡萝卜
1茶匙芥末籽
一颗橙榨汁，橙皮留用
120毫升苹果醋
125克砂糖或浅色黄糖

准备香料

用杵和臼轻轻**碾碎芫荽籽**，用杵轻压小豆蔻荚，取出种子，然后用手撕掉外皮。你大约需要1茶匙的种子。用茶匙边缘给生姜刮皮，然后均匀磨碎。

烹煮食材

将胡萝卜连同芥末籽、芫荽籽和小豆蔻荚的种子一起放入平底深锅或大号的厚底炖锅中，并进行搅拌。添加生姜、橙汁、橙皮、醋和糖，进行加热，搅拌至糖分溶解。小火炖煮10分钟，经常搅拌，以软化胡萝卜。将火调大些，然后煨炖混合物15至20分钟，经常搅拌。

罐装开胃菜

检测开胃菜是否已经做好了，用勺子在平底锅底滑动，看看是否只有少量液体残留。盛入已消毒的玻璃罐中，盖上圆形蜡纸，用金属盖或抗酸盖密封起来，并贴上标签。在阴暗凉爽的地方存放1个月，等待风味成熟。开封后，应冷藏保存。本品适合与咖喱搭配食用。

番茄开胃菜

1中罐

1小时40分钟

6个月

原料

1千克成熟的番茄，如喜欢可去皮
2颗洋葱，切成大片
3根西葫芦，切成大片
1个黄色彩椒，去籽并切成大片
2个蒜瓣
2个红辣椒，去梗（如果喜欢辣味，可多放一些）
2汤匙番茄酱
1茶匙英式芥末粉
300毫升麦芽醋或苹果醋
150克砂糖

切碎蔬菜

动手将番茄、洋葱、西葫芦、彩椒、大蒜和辣椒切碎，或者用食物料理机分批处理。选用脉冲按钮，直至打碎，注意不要把蔬菜切得太碎了。

烹煮食材

将切碎的蔬菜倒入平底深锅或大号的厚底不锈钢炖锅中，加番茄酱和芥末粉一起搅拌，然后添加醋和糖。煨炖并不停搅拌，直至糖分溶解，然后将火调大，持续烹煮40分钟至1小时，并经常搅动，或者直到混合物变稠。

罐装开胃菜

盛入已消毒的温热玻璃罐中，用非金属盖或抗酸盖密封起来，并贴上标签。存放在阴暗凉爽的地方。放置1个月等待风味成熟，开封后冷藏保存。

甜菜根开胃菜

2小罐

2小时15分钟

9个月

原料

1.35千克生甜菜根
1茶匙细白砂糖
450克葱，均匀切碎
600毫升苹果醋或白葡萄酒醋
1汤匙腌渍香料，用棉布袋装起来（参见57页）

特殊工具

一小块四方形平纹细布和细线

烹煮甜菜根

将甜菜根和糖倒入平底深锅或大号的厚底不锈钢炖锅中，用水覆盖并煮沸。煨炖1小时，或者直到甜菜根软化并煮熟。将煮熟的甜菜根沥干，放在一边冷却。变凉后，去皮切丁。

小心！甜菜根会在皮肤和衣服上染色。如果你不希望手指被染色的话，可以带上干净的橡皮手套进行剥皮。

烹煮开胃菜

把平底锅冲洗干净，添加葱和醋，然后小火烹煮10分钟。放入甜菜根丁和腌渍香料袋，搅拌混合物，并加糖。搅拌至糖分溶解，再煮沸。滚沸烹煮5分钟，然后将火调小，煨炖开胃菜40分钟，或者直到它变稠。

罐装开胃菜

用勺子在平底锅底滑动，如果只有少量液体残留，说明开胃菜已经做好了。取出香料包，盛入已消毒的玻璃罐中。盖上蜡纸，用非金属盖或抗酸盖密封起来，并贴上标签。开封后，应冷藏保存。

小贴士：虽然这款开胃菜可以直接使用，但最好在阴暗凉爽的地方保存1个月，等待风味完全成熟。它适合与奶酪或牛肉搭配。

2
强化篇

本篇会帮你拓展有关食物保存的知识，并树立起自信心。在这里，你将会全身心投入到水果保存的一些经典技巧中，如制作酱和果冻，与其他美味相比，它们的技术含量会更高一些。

本篇中，我们将会学习准备或制作下列美食：

水果奶酪
pp.78~85

果酱
pp.86~97

蜜饯
pp.98~101

果冻
pp.102~109

果汁和甘露酒
pp.110~115

糖浆水果
pp.116~123

干制水果和蔬菜
pp.124~131

如何制作**水果奶酪**

水果奶酪这个名字很容易让人产生误会，因为这种食物实际上不含任何乳制品，吃起来也没有牛奶的味道，不过水果奶酪适宜与奶酪搭配品尝！水果奶酪是风味极其浓郁的果酱，加糖烹煮至浓缩，并且足够坚硬，冷却后可切片。与之相关的水果黄油是微甜的果酱，风味较淡，其质地适合用来涂抹食用。

烹煮水果并过滤

在平底深锅或大号炖锅中放入切好的水果和一些水，煨炖至变成浆状。然后将浆状物倒在滤网上或食物磨碎机中。如有必要，可分批操作。再将滤网放在干净的大碗上，用来收集果浆。

测量果浆

接下来，测量果浆，以确定需要添加多少糖。用汤勺将果浆舀入量壶中。每450毫升经过烹煮和过滤的果浆，需要添加450克砂糖。

小贴士： 制作水果黄油时，中途停止慢炖。此时果浆浓稠，但没有变硬。用勺子向下压时如有清晰的凹痕，说明水果黄油已经做好了。

浓缩变稠

将果浆倒入干净的平底锅中，并加糖。小火烹煮，用木勺搅拌直至糖分溶解。然后将火调小，根据所需时间进行慢炖，偶尔搅动一下。

倒入模具

当水果奶酪看起来颜色暗沉且有光泽、浓稠并会黏在勺子上、用勺子在锅底滑动会留有痕迹时，说明它已经做好了。做好后，将水果奶酪倒入抹过油的已消毒的模具中，放至冷却，并使其凝固。

温柏奶酪

这是一种传统的西班牙美味，通常与羊奶酪搭配食用，将温柏烹煮成浓稠坚固的酱状物，带有淡淡的香气。其风味浓郁，保质期长。通常来说，这种用途广泛的食物最好使用美味可口的水果来进行制作。

6个奶酪蛋糕碗

1.5小时

12个月或者更久

原料

1千克温柏，洗净
半个柠檬榨汁
约450克砂糖
花生油或葵花籽油，用来抹油

工具

平底深锅或大号厚底炖锅
大号木勺
细孔滤网
干净的大碗
量壶
奶酪蛋糕模具或其他陶瓷模具，或浅烤盘
烘焙纸和细线（可选用）

温柏

柠檬汁

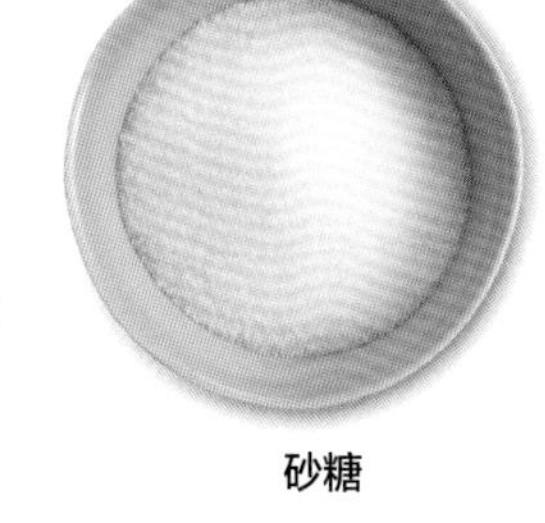
砂糖

平底深锅

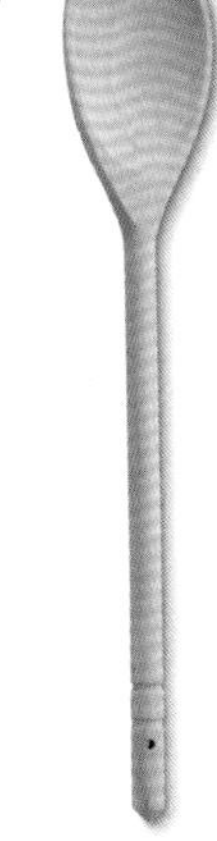

木勺

滤网

碗

量壶

奶酪蛋糕碗

1 将切碎的温柏放入平底深锅或大号的厚底炖锅中，加600毫升水和柠檬汁煮沸，并煨炖30分钟。当水果变软后，用土豆捣碎器或叉子轻轻压碎。

提醒 切温柏前无需削皮和去核，因为烹煮后要进行过滤。

每次过滤时，在倒掉剩余的果浆前，先刮一下滤网的底部

2 将平底锅从炉子上移走，稍加冷却。然后分批在干净的大碗上过滤果浆。测量浆液，每450毫升浆液加450克糖。

小贴士： 用木勺朝细孔滤网一侧用力挤压果浆，尽可能多地滤出浆液。

3 将浆液倒回平底锅中，加糖，小火搅拌，使糖分溶解。煮沸，然后小火煨炖45至60分钟，只在开始的时候偶尔搅动下。

小心！ 烹煮快要结束时，提高浆液搅动的频率，防止它结在锅底，出现焦糊。

混合物会吐泡，所以要小心点

4 检测果糊是否已经做好了，用勺子在锅底滑动。果糊留出痕迹，看起来黏稠有光泽，并会黏在勺子上时，说明已经做好了。

小贴士：如果想要获得额外的口味，可以在烹煮快要结束、将果糊倒入模具前，添加不太常见的调味料，如玫瑰水或芳香的甜酒。

5 在已消毒的温热的干酪蛋糕碗或模具上抹上薄薄一层油。舀入果糊，压平表面，放至冷却。保存时，用圆形蜡纸和玻璃纸密封模具。

小贴士：如果你想在温柏奶酪冷却后，重复利用干酪蛋糕碗，可以用铲刀弄松模具，倒出奶酪，每块用羊皮纸包起来，并用细线系紧。

如何存放？

温柏奶酪可以存放12个月甚至更久。需要时，可以从模具中倒出（或打开包装），均匀切开。

所有水果奶酪应在阴暗凉爽的地方存放4至6周，等待风味成熟。

尝试其他水果

其他适合用来制作水果奶酪和水果黄油的水果有李子、西洋李子、梨、苹果（与温柏或西洋李子一起用来制作水果奶酪）、波森莓（boysenberry）、葡萄、青梅、罗甘莓（loganberry）、欧楂果（medlar）、桑葚和泰莓（tayberry）。

尝试更多水果奶酪食谱 ▸▸▸

西洋李子奶酪

3个奶酪蛋糕碗

2至2.5小时

2年

原料

1千克西洋李子，去核后切成大块

砂糖（参见操作方法）

15至30克黄油（可选用）

制作果浆

在平底深锅或大号的厚底炖锅中**放入水果**，加水煨炖30至40分钟，直至变成黏稠的浆状物。烹煮时，用叉背或土豆捣碎器压碎水果。将浆状物倒入细孔滤网中，下面用碗收集果汁和果浆。

将果浆倒入量壶中，加糖。每600毫升果浆加450克糖。尝一下，如果有点涩，每600克果浆额外添加150克糖。将果浆、糖和黄油（如有使用）倒回平底锅中，小火搅拌，使糖溶解，然后慢慢煮沸。

小贴士：添加黄油可以软化西洋李子，并使苦涩味变得醇香。

小火烹煮

文火**煨炖果浆**35至45分钟或者更长的时间，经常搅拌，直至它变成有光泽的糊状物，并有噗噗声。

小心！经常搅动，确保果浆不会结在锅底，出现焦糊。

检测奶酪是否已经做好了，用勺子在平底锅底滑动，看看是否会留下清晰的痕迹。

填装保存

在3个奶酪蛋糕碗中抹上薄薄一层油，装入奶酪。用圆形蜡纸和玻璃纸盖起来。或者冷却后，从模具中倒出来，用蜡纸或保鲜膜包起来。贴上标签，在阴暗凉爽的地方存放6至8周，等待风味成熟。西洋李子奶酪适合切片后与冷盘肉和奶酪搭配，或者作为餐后甜点食用。

苹果黄油

3中罐

2小时25分钟

6个月

原料

900克烹煮过的苹果，切成大块

1个橙榨汁

一撮多香果粉

一撮肉桂粉

675克砂糖

制作果浆

在平底深锅或大号的厚底炖锅中**倒入苹果**，加250毫升水，煨炖10分钟，直至变软。将浆状物倒入细孔滤网中，下面用碗收集果汁和果浆。

小火烹煮

将果浆倒回平底锅中，加橙汁、多香果粉、肉桂和糖。小火搅动，使糖溶解，然后慢慢加热至沸腾。文火煨炖果浆2小时或者更长时间，经常四处搅动，防止结在锅底，出现焦糊，直至变稠。

检测黄油

用勺子在平底锅底滑动时，如有清晰的痕迹，说明苹果**黄油已经做好了**。同时，黄油会足够黏稠，黏在勺背上而不会掉下来。

装入罐中

将苹果黄油装入罐中。盖上圆形蜡纸，密封并贴上标签。开封后，应冷藏保存。苹果黄油可以存放长达6个月，适合与新鲜优质的面包搭配，或作为甜点食用。

如何制作**果酱**

制作果酱十分流行，并且很有成就感。其概念很简单，水果加糖后，用大火烹煮至凝固。水果在烹煮时会释放出一种类似胶质的物质——果胶，它是天然的凝固剂。如果想要获得很好的凝固效果，糖、果胶和果酸的比例应保持正确（参见88~89页）。

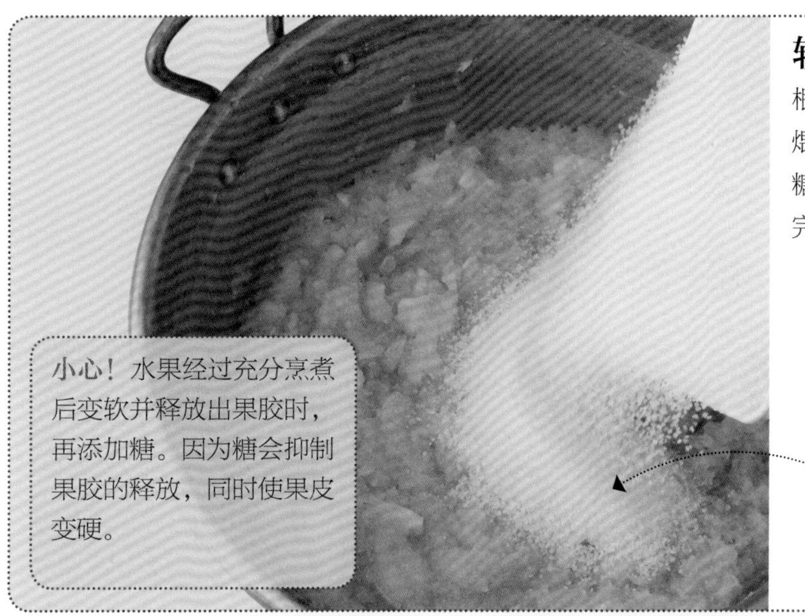

小心！水果经过充分烹煮后变软并释放出果胶时，再添加糖。因为糖会抑制果胶的释放，同时使果皮变硬。

用小火溶解糖分，这样果酱就不会有粗糙的颗粒感了

软化水果并加糖

根据食谱准备水果，加水煨炖至变软。在锅中加糖，并用木勺搅动至糖分完全溶解。

果酱的凝固点为105℃

快速煮沸

将火调大，并将混合物快速加热至滚沸，使果胶在糖的作用下凝固。快速煮沸的果酱会在锅中膨胀，出现有大量小气泡的泡沫层。理论上，当糖的温度达到105℃时，就会凝固。如果你没有糖温度计，可以在气泡变大并有噗噗声时，开始进行凝固检测。

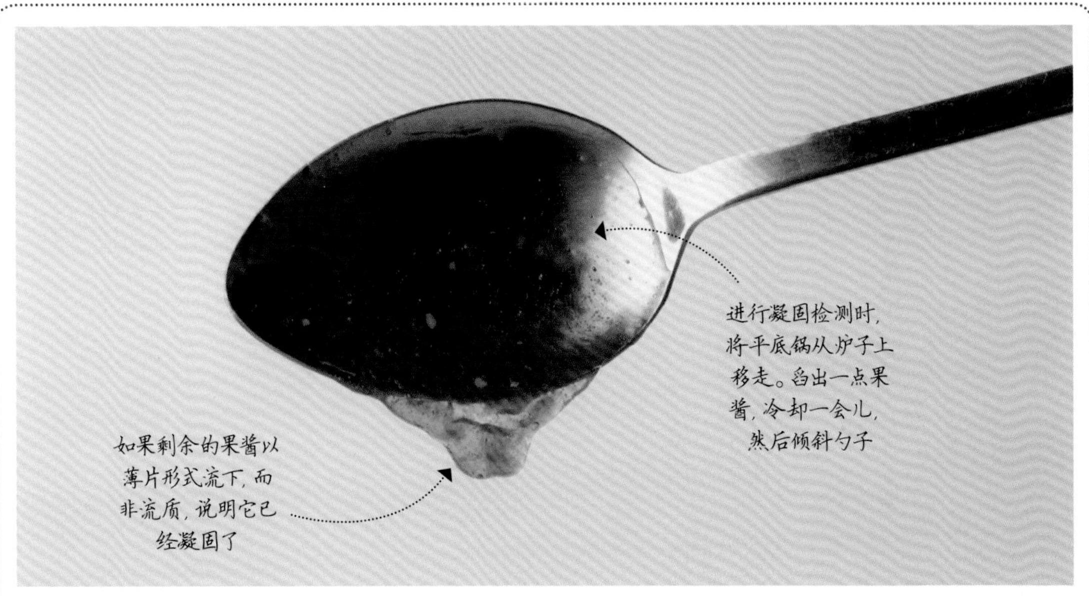

薄片检测

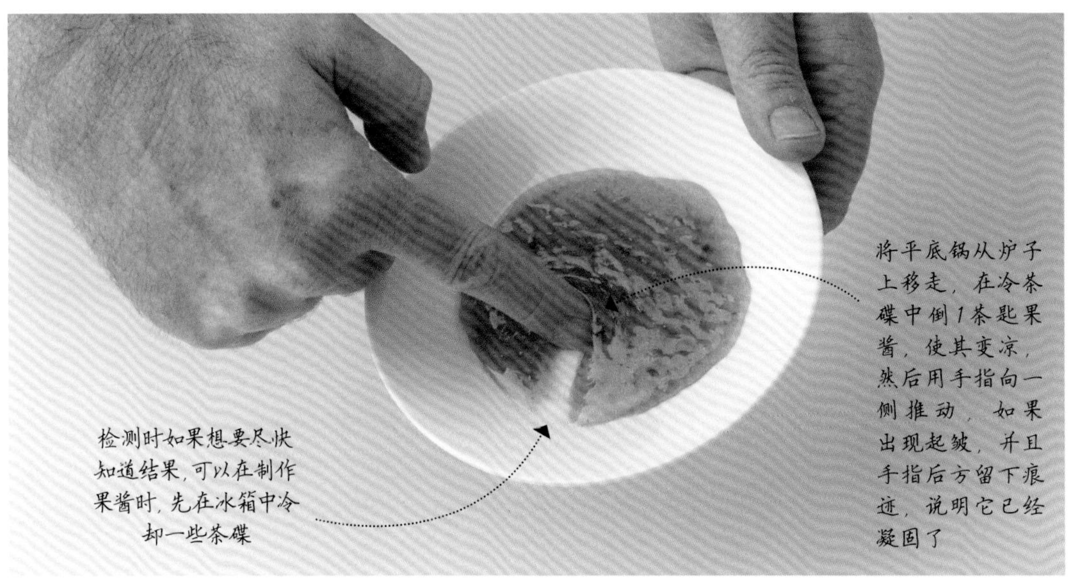

起皱检测

凝固检测

果酱经过充分烹煮后会凝固，一般需要5至20分钟。将平底锅从炉子上移走，尽早进行凝固检测。煮过头的果酱坚硬难嚼，很难再次利用。但如果果酱太稀，还没有完全做好，可以继续煮沸，并重新进行检测。

了解水果中的果胶和果酸

水果经过煨炖后，在糖的作用下释放出胶状物质——果胶，可以制作出果酱。同时，在果酸的作用下，可以制成果冻。水果中的天然果酸可以帮助释放果胶，避免长时间的烹煮（这样做会破坏果酱的口感），同时糖分可以促使果胶凝成胶状物。制作果冻或者“凝固”时的关键因素在于果胶和果酸的比例恰当。

酸涩的水果，如**沙果**，其果酸含量偏高

果胶含量低的水果，如**梨**，需要额外的果胶和果酸来帮助凝固

果胶含量高的水果，如**红醋栗**，很容易凝固成固体，并且会吸收较多的糖

果胶含量中等的水果，如**杏**，凝固状态令人满意，通常会更加柔软

添加额外的果酸

如果某种水果的果酸含量低（参见右侧表），可以在开始烹煮后额外添加果酸，促使水果释放果胶，完成凝固。同时果酸可以改善果酱的色泽和风味，并阻止糖分结晶。有两种提升果酸含量的方法：

添加柠檬汁。每1千克水果，可添加1颗柠檬挤出的汁液（2汤匙）。

添加柠檬酸或酒石酸，这些可以在药店中买到。每1千克水果添加半茶匙柠檬酸或酒石酸，并用4汤匙水化开。

果酱糖

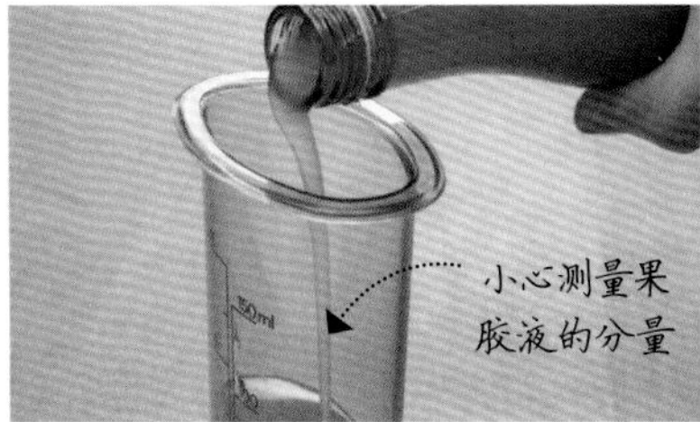

果胶液

果胶粉

添加额外的果胶

对于天然果胶含量不足的水果而言，有几种办法可以帮助其凝固。但是如果需要添加许多果胶时，你也要相应地调整食谱中的糖用量来进行弥补。果酱糖经过特制，其果胶和糖含量的比例恰当。果胶液和果胶粉均可通过购买获得。在将果胶粉加入水果中前，先将其混入糖中。果胶液浓度很高，请参考使用说明。

主要水果的果胶和果酸含量

制作果酱如果想要获得最佳效果，可以选择不太熟的水果，因为果胶含量会随着水果的生长而减弱。水果越成熟，其果胶含量越少。

水果	果胶含量	果酸
黑醋栗	高	高
沙果	高	高
蔓越莓（未成熟的）	高	中等
鹅莓(gooseberry)	高	高
李子(未成熟的)，西洋李子	高	高
温柏	高	高—中等
红醋栗和白醋栗	高	高
柑橘类水果（其果皮和衬皮中含有果胶）	高—中等	高—中等
煮熟的苹果	高–中等	高—中等
杏	中等	中等
蔓越莓（成熟的）	中等	中等
葡萄（未成熟的）（果胶含量可变）	中等	中等
罗甘莓	中等	中等
枸杞子	中等	低
酸樱桃（煮熟的）	中等	中等
所有的李子（成熟的）	中等	中等
覆盆子	中等	中等
黑莓	低—中等	低
蓝莓（果胶含量可变）	低—中等	低
野生黑莓(悬钩子属植物)	低	低
樱桃（甜点）	低	低
无花果	低	低
葡萄（成熟的）（果胶含量可变）	低	低
甜瓜	低	低
油桃	低	低
水蜜桃	低	低
梨	低	低
大黄	低	低
草莓	低	低

覆盆子果酱

与商店中购买到的果酱相比，家中自制的果酱风味极其美味，带有水果的清香。通过以下这个简单的食谱可以制作出风味迷人、质地柔滑的覆盆子果酱，同时也适合其他果皮柔软的莓果。

2小罐　25~30分钟　6个月

覆盆子

柠檬汁

砂糖

原料

650克覆盆子（最好不要熟过头的）

1个柠檬挤汁

500克砂糖

工具

平底深锅或大号厚底的炖锅

大号木勺

糖温度计（可选用）

已消毒的广口果酱漏斗（可选用）

长柄勺

撇渣器或漏勺（可选用）

已消毒的玻璃罐，带有金属盖或玻璃纸盖和橡皮筋

若干张圆形蜡纸

平底深锅　木勺

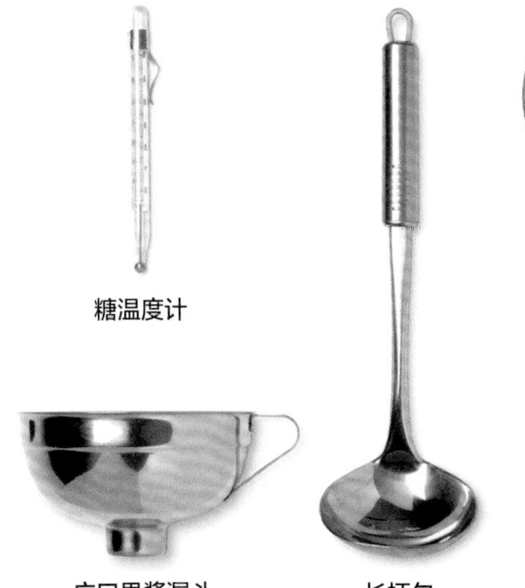
糖温度计

广口果酱漏斗　长柄勺

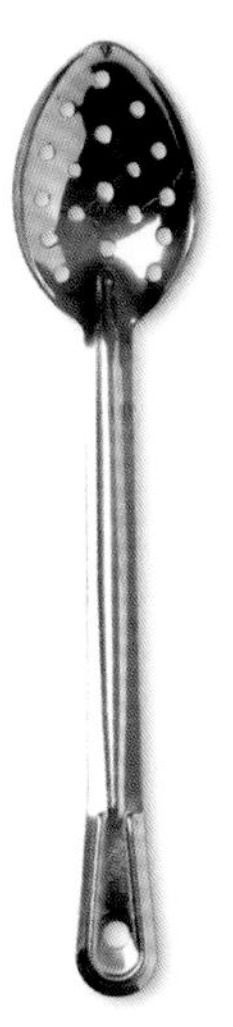
漏勺

玻璃罐

橡皮筋

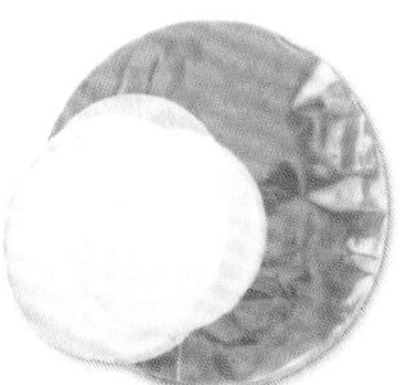
圆形蜡纸和玻璃纸

1 在冰箱中放几个小茶碟进行冷却。将水果倒入平底深锅或大号的厚底炖锅中，加柠檬汁和150毫升水。因为覆盆子果酸含量低，柠檬汁可以提供额外的果酸，对于能否成功凝固至关重要。

小贴士： 确保莓果品质上佳，并于采摘后立刻使用。因为未碰水的水果最好，所以只在使用时进行清洗。

没有熟过头的覆盆子最适合用来制作果酱

保持小火，直至糖分完全溶解

2 文火煨炖水果3至5分钟，使其软化并流出汁液。然后加糖，小火搅拌。糖分完全溶解后，将火调大。

提醒 糖分会抑制果胶的释放，并使果皮变硬，所以通常会在水果变得足够软时再加到平底锅中。

3 将果酱滚沸加热5至10分钟，或直至达到凝固点。当果酱中的气泡变大并有噗噗声时，开始进行凝固检测。

注意！ 如果你担心会错过凝固点，最好尽早开始并频繁进行检测，而不要等太长时间。

用手指将果酱推到一侧，看看是否会轻微起皱

4 将平底锅从炉子上移走，进行凝固检测。如果要做起皱检测（参见87页），可从较早在冰箱里冷却过的茶碟中选用一个。

小贴士： 如果你想再次进行凝固检测，可以选择薄片检测。在碗中倒少量果酱，用勺子舀出一些。冷却一会儿，然后倾斜勺子。如果剩余的果酱以薄片形式落下，而不是流质时，说明它已经凝固了。

5 用已消毒的果酱漏斗将果酱（参见11页）装入已消毒的温热的玻璃罐中。填装至玻璃罐边沿，在热果酱上盖圆形蜡纸，并用金属盖密封起来，或者盖上玻璃纸，用橡皮筋扎紧。

注意！ 如果果酱表面有浮渣，罐装前先用撇渣器清除干净，或者沿相同方向搅拌果酱直至浮渣散开。

果酱漏斗开口大、边沿广，可以接住所有滴落的果酱

如何存放？

贴上标签，然后将各批次的果酱存放在阴暗凉爽的地方。它们的保质期为6至9个月。开封后要冷藏保存，并在3至4周内吃完。

哪里出错了？

果酱没有凝固。这是由于果酱没有煮沸，或者果胶含量太低。试着加入买来的果胶，并再次煮沸。如果仍然不能凝固，可加柠檬汁并再次煮沸。

做好的果酱单调乏味，吃起来硬硬的。这是因为果酱被煮过头了。下次应尽早进行检测，通常在开始凝固检测时会先关掉热源。

果酱已经发酵。使用的水果可能熟过头了，糖分加得不够，密封方式不正确，或者存放的地方太温热了。

果酱出现结晶。你可能放入了太多的糖，存放的地方太冷，或者需要加入更多的果酸。每1千克果酱加2汤匙柠檬汁。

尝试更多的果酱食谱 ▸▸▸

波特酒李子果酱

6中罐

45分钟

9个月

原料

1.8千克深色李子，去核并切成四瓣
1根肉桂，从中间掰断
1个酸橙榨汁
1.35千克砂糖
2至3汤匙波特酒，根据口味而定

在冰箱中**冷却一个或两个碟子**。

煨炖水果

将李子、肉桂和酸橙汁倒入平底深锅或大号的厚底炖锅中，然后加600毫升的水。

为什么这么做？ 李子的果胶含量很高，可以迅速凝成固体。在水果中加水可以将果胶稀释至更加可控的水平。

中火加热平底锅，并将水果混合物煮至即将沸腾。在开始出现气泡时，将火调小，然后文火煨炖15至20分钟，或者直至李子煮烂变软。

提醒 为了获得最新鲜的果酱，在这一步时不要把水果煮过头了，煮至微烂并释放出果胶即可。

煮沸凝固

在水果中加糖，用木勺搅拌至糖分完全溶解。将火调大，煮沸，保持滚沸状态5至8分钟，或者直至混合物变稠，气泡变大，出现噗噗声。

进行起皱检测，确定是否已经凝固。将平底锅从炉子上移走，在冷却过的碟子中倒1茶匙的水果混合物。1分钟后用手指进行推动，如果推动时，出现阻力并起皱，说明果酱已经达到凝固点了。如果果酱没有凝固，重新滚沸加热1分钟，再次进行检测。根据需要重复这一过程。

装入罐中

果酱凝固后，小心取出肉桂，加波特酒进行搅动，然后装入已消毒的温热的玻璃罐中。用蜡纸盖上，密封并放置冷却。贴上标签，存放在阴暗凉爽的地方。开封后，应冷藏保存。

注意！ 如果装好的果酱冷却后没有凝固，此时仍然不要放弃。将果酱倒回平底锅中，滚沸加热1至2分钟，重新进行检测。

黑醋栗果酱

2小罐

45分钟

6~9个月

原料

500克洗净的黑醋栗

675克砂糖

1个柠檬挤汁

在冰箱中**冷却一个或两个碟子**。

煨炖水果

将黑醋栗倒入平底深锅或厚重的炖锅中，加450毫升水。将平底锅放在小火上，文火煨炖15至20分钟。

为什么这么做? 与其他许多水果相比，黑醋栗的果皮较硬，所以先加水煨炖，可以促使果皮软化。

煮沸凝固

在平底锅中添加糖和柠檬汁，搅拌混合物直至糖分全部溶解，即搅动时看不到糖结晶。将火调大，煮沸，并保持快速滚沸8至10分钟，或者直至混合物变稠，气泡变大，出现噗噗声。

进行起皱检测，确定是否已经凝固。将平底锅从炉子上移走，在冷却过的碟子中倒1茶匙的水果混合物。1分钟后用手指进行推动，如果推动时，出现阻力并起皱，说明果酱已经达到凝固点了。如果果酱没有凝固，重新滚沸加热1分钟，再次进行检测。

小贴士：黑醋栗的果酸和果胶含量高，所以这种果酱很容易快速凝固。

装入罐中

果酱凝固后，盛入已消毒的玻璃罐中。盖上圆形蜡纸，密封并贴上标签，存放在阴暗凉爽的地方。开封后，应冷藏保存。

樱桃果酱

3中罐

45分钟

9个月

原料

500克樱桃，去核，留下果核
2个柠檬挤汁
500克果酱糖或砂糖，与1袋果胶粉混合在一起
2汤匙白兰地或樱桃白兰地

在冰箱中**冷却一个或两个碟子**。

煨炖水果

将樱桃核放入方形的平纹细布中，折成袋包，用细线系紧。确保细线足够长，易于取出袋包。将樱桃连同果核袋一起放入平底深锅或大号的厚底炖锅中。

为什么这么做？你可以不用包住樱桃核，不过最终的果酱会带有淡淡的杏仁味。

倒入300毫升水。中火加热平底锅，煮沸后文火煨炖10至15分钟，或者直至樱桃开始变软。取出果核袋，加柠檬汁和糖。小火加热，搅拌至糖分溶解，看不到糖结晶。

小贴士：如果你想在果酱中保留几颗樱桃果块，那么烹煮的时间不要太久。

煮沸凝固

将火调大，煮沸，保持持续滚沸的状态8至10分钟，偶尔用长柄木勺进行搅动，或者直至变稠。

小心！煮沸的水果混合物容易吐泡，用长柄木勺进行搅动，就不会把手弄脏。

进行起皱检测，确定是否已经凝固。将平底锅从炉子上移走，在冷却过的碟子中倒1茶匙水果混合物。1分钟后用手指进行推动，如果推动时，出现阻力并起皱，说明果酱已经达到凝固点了。如果果酱没有凝固，重新滚沸加热1分钟，再次进行检测。

装入罐中

加白兰地进行搅拌，盖上圆形蜡纸，密封并贴上标签，存放在阴暗凉爽的地方。开封后，应冷藏保存。

注意！如果装好的果酱冷却后没有凝固，将其倒回平底锅中，重新滚沸1至2分钟，然后再次进行检测。

伏特加樱桃果酱：用等量的伏特加替换白兰地即可。

大黄、梨和姜果酱

3中罐

45分钟

9个月

原料

675克新鲜大黄，修剪后洗净，切成2.5厘米长段

2颗梨，削皮、去核并切块

800克砂糖

1个柠檬挤汁

2个橙榨汁

2个小仔姜球，切成细丝

在冰箱中**冷却一个或两个碟子**。

煨炖水果

将大黄和梨放入平底深锅或厚重的炖锅中，加糖。小火加热平底锅，并加入柠檬汁、橙汁和生姜。搅拌至糖分全部溶解，并且看不到任何糖结晶。

煮沸凝固

将火调大，煮沸，保持快速滚沸状态15至20分钟，直至平底锅中的混合物变稠，并达到凝固点。

进行起皱检测，确定是否已经凝固。将平底锅从炉子上移走，在冷却过的碟子中倒1茶匙水果混合物。1分钟后用手指进行推动，如果推动时，出现阻力并起皱，说明果酱已经达到凝固点了。

提醒　如果没有凝固，重新滚沸加热1分钟，再进行检测。

装入罐中

果酱凝固后，盛入已消毒的玻璃罐中。盖上圆形蜡纸，密封并贴上标签，存放在阴暗凉爽的地方。开封后，应冷藏保存。

小贴士：这种果酱用在酥皮蛋挞中或作为松糕夹层时，口感诱人。

如何制作**蜜饯**

制作蜜饯的绝大多数方法与果酱相同，只有两点不同。第一点是水果要先进行糖渍，使果皮变硬，因为你并不想要得到坚硬的凝固物，所以可以使用较为成熟的水果，其果胶含量偏低。第二点，与果酱相比，蜜饯在煮沸时更加温和，并且在罐装前先放至冷却，并变稠一点。

糖渍水果

将水果放入大碗中，裹上糖，进行糖渍。糖分会析出果汁，使水果变干变硬。变硬的过程可以防止煮沸时水果被完全煮烂，并且在蜜饯中保留较大块的果肉。

使其变稠

蜜饯应在稳定的沸腾状态下进行烹煮，其速度与热度与果酱均不同。一旦蜜饯已经凝固，冷却一会儿直至变稠。水果会被液体更加均匀地稀释，并且不太可能膨胀至玻璃罐顶部。

杏蜜饯

2中罐　30分钟，另需浸泡的时间　6个月

原料

500克成熟的杏

350克砂糖（如果不喜欢太浓稠，并希望口感更为清新，可少放一点儿糖）

1个柠檬挤汁

在冰箱中冷却两个碟子，准备进行凝固检测。

糖渍水果

将杏切半去核，加糖，在碗中一层层码起来。用碟子盖住碗，在室温下放置若干小时或一整夜。

提醒　准备水果值得多花上一些时间，因为糖分可以使果肉变硬，确保烹煮过的蜜饯保留大块的果肉，并获得额外的风味和口感。

溶解糖分

将杏和糖连同所有汁液倒入平底深锅或厚底的炖锅中，添加柠檬汁。小火加热平底锅，轻轻搅拌直至糖分全部溶解。

小心！确保搅动时不会弄烂水果。

煮沸凝固

将火调大，煮沸，稳定沸腾（不是滚沸）状态7至10分钟，直至混合物变稠，并达到凝固点。等待凝固时尽量不要搅动混合物。将平底锅从炉子上移走，并进行凝固检测。在冷却好的碟子上倒1茶匙混合物，1分钟后用手指进行推动。如果推动时出现阻力并起皱，说明混合物已经凝固。如果没有起皱，重新在稳定沸腾状态下加热1分钟，然后再进行检测。

提醒　在制作蜜饯时，希望获得相对柔软的凝固物。

罐装蜜饯

蜜饯凝固后，**在平底锅中放置**几分钟，使水果从表面沉下去，更加均匀地分散在热液中。然后将蜜饯盛入已消毒的玻璃罐中，盖上蜡纸，密封并贴上标签，存放在阴暗凉爽的地方。所有蜜饯，特别是那些制作时糖分使用量小的，应在开封后冷藏保存，因为开盖后，它们会完全与空气接触到。

草莓蜜饯

3中罐

45分钟，另需浸泡的时间

6个月

原料

900克去蒂的草莓
900克砂糖
1个柠檬挤汁
1个酸橙榨汁

特殊工具

平纹细布

在冰箱中**冷却一个或两个碟子**。

糖渍水果

将糖和草莓在碗中一层层码起来，用碟子盖住，在室温下放置若干小时或一整夜。

溶解糖分

将草莓和糖倒入平底深锅或厚底炖锅中，小火加热，轻轻搅拌至糖分全部溶解。

小心！搅拌时尽量不要把水果弄烂。

慢慢煮沸混合物约5分钟，直到水果刚好软化且没有开始变烂。将平底锅从炉子上移走，用平纹细布松松地盖住，使蒸汽可以挥发出去，不会留下多汁的浓缩物。然后放置一整夜。

煮沸凝固

拿走平纹细布，加柠檬汁和酸橙汁进行搅拌，大火加热至沸腾。

为什么这么做？草莓果胶含量低，柑橘类水果可以帮助其更好地释放果胶。同时果胶也可以使风味更加清新。

保持沸腾（不是滚沸）状态**加热混合物**5至10分钟，或者直至混合物变稠并达到凝固点。

小贴士：煮沸水果时，撇去表面的浮渣，它们会影响最终的蜜饯。

将平底锅从炉子上移走，并进行凝固检测。在冷却好的碟子上倒1茶匙混合物，1分钟后用手指进行推动。如果推动时出现阻力并起皱，说明混合物已经凝固。如果没有起皱，重新在稳定沸腾状态下加热1分钟，然后再进行检测。

罐装蜜饯

蜜饯凝固后，**在锅中静置**几分钟，使水果从表面沉下去，更加均匀地分散在热液中。然后将蜜饯盛入已消毒的玻璃罐中，盖上蜡纸，密封并贴上标签，存放在阴暗凉爽的地方。开封后，应冷藏保存。

水蜜桃核桃蜜饯

3中罐

45分钟，另需浸泡的时间

6个月

原料

1.25千克成熟的水蜜桃
1个橙，去皮（但保留衬皮）后切碎
900克砂糖
1个柠檬挤汁
50克核桃，切丁
1~2汤匙白兰地（可选用）

在冰箱中**冷却一个或两个碟子**。

准备水果

在每个桃子的顶部轻轻切十字，在热水碗中放置30秒，然后转移到冷水碗中。这样做可以使果皮松弛。将水蜜桃一个个取出，剥掉果皮。将水蜜桃切成两半，取出果核，并全部留用。再将桃肉切成大块。

小贴士：选择非常成熟的水蜜桃，其风味和香气最佳。你也可以使用油桃，采用相同的方法进行准备。

糖渍水果

将桃、橙片和糖一层层码在碗中，盖上碟子，并在室温下放置4小时或一整夜。

为什么这么做？未经烹煮的水果放置这么长时间能够确保糖分可以析出汁液，使水果紧实，并在柔软的蜜饯凝固物中尽可能多地保留水果本身的形态和质地。

溶解糖分

将桃核用一块平纹细布包起来。在平底深锅或厚底炖锅中放入水果和糖，加桃核包，然后小火轻轻搅拌，直至糖分溶解。

煮沸凝固

将火调大，煮沸，保持沸腾（不是滚沸）状态15至20分钟，或者直至它变稠并达到凝固点。将平底锅从炉子上移走，进行凝固检测。在冷却好的碟子上倒1茶匙混合物，1分钟后用手指进行推动。如果推动时出现阻力并起皱，说明混合物已经凝固。如果没有起皱，重新在稳定沸腾状态下加热1分钟，然后再进行检测。

罐装蜜饯

蜜饯凝固后，取出桃核包，加柠檬汁、核桃和白兰地（如有使用）进行搅拌。将蜜饯在锅中静置几分钟，使水果从表面沉下去，更加均匀地分散在热液中。然后将蜜饯盛入已消毒的玻璃罐中，盖上蜡纸，密封并贴上标签，存放在阴暗凉爽的地方。开封后，应冷藏保存。

如何制作果冻

色泽明亮、呈半透明、如宝石般的果冻，味甜，是由水果经煨炖、过滤出汁后制成的。其制作方法与果酱相同，中间会额外多出两个步骤。需要牢记的关键点是制作果冻时，过滤后的果汁分量和果胶含量通常是不确定的。

过滤水果

制作果冻时，将煨炖过的水果通过果冻袋（或干净的茶巾或一块平纹细布）过滤出汁。要想汁液清透，需要有耐心，可以放置一整夜让其滴落。要克制住挤压果浆的冲动，因为这样做会使果汁和果冻变浑浊。

测量并加糖

糖的用量取决于果汁的分量，每次都会不同。用量壶确认果汁的收集情况，然后算出需要添加多少糖。一般来说，这个比例是每600毫升果汁对应450克糖。

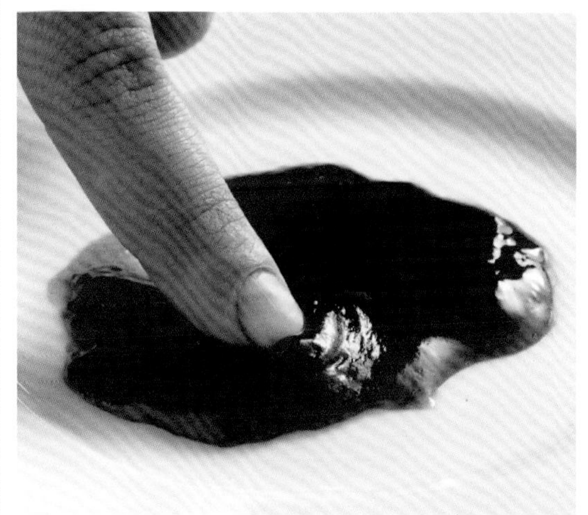

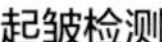
起皱检测

薄片检测

检测果冻

像制作果酱那样煮沸并检测果冻，进行检测（参见87页）时将平底锅从炉子上移走。起皱检测时，用手指推动果冻，看看它是否会起皱。薄片检测时，倾斜一勺果冻，看看它是否会以薄片形式落下。

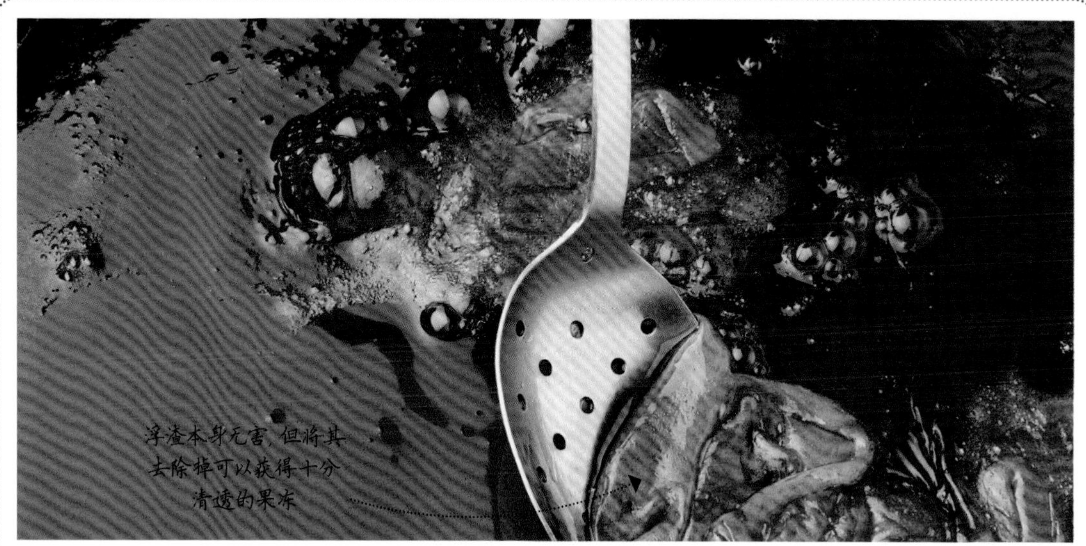

撇去浮渣

果冻达到凝固点时，小心撇去因剧烈沸腾而产生的所有气泡。确保不要无意地将任何气泡搅进沸腾的混合物中。手边放一碗温水，每次去除浮渣后都清洗下撇渣器。

葡萄、柠檬和丁香果冻

多汁型水果或果胶含量高的水果，抑或二者兼得的水果，可以制作出很棒的果冻。以下这个食谱中使用红葡萄，其果汁多，但果胶含量中等，所以额外添加1个柠檬，可以制作出味道清香且凝固完美的传统果冻。和所有果冻一样，它与冷餐肉或奶酪搭配时，美味可口。

3中罐

1小时，另需过滤的时间

12个月

红葡萄

柠檬

砂糖

丁香

原料

1.5千克未熟透的红葡萄（保留葡萄籽），洗净并切碎

1个柠檬，洗净并切碎

约750克砂糖（参见操作方法）

半茶匙丁香

工具

不锈钢平底深锅或大号的厚底不锈钢炖锅

食物料理机（可选用）

大号木勺

已消毒的果冻袋或有平纹细布内衬的尼龙筛网

糖温度计（可选用）

广口果酱漏斗（可选用）

长柄勺

漏勺

已消毒的玻璃罐，带有玻璃纸和橡皮筋

若干张圆形蜡纸

平底深锅

木勺

果酱漏斗

橡皮筋

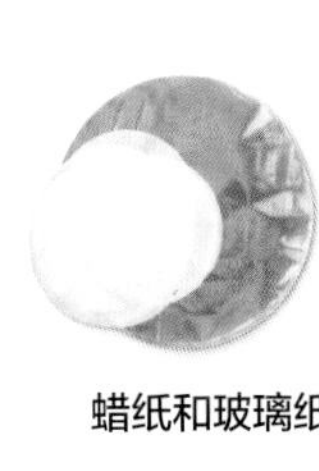
蜡纸和玻璃纸

果冻袋

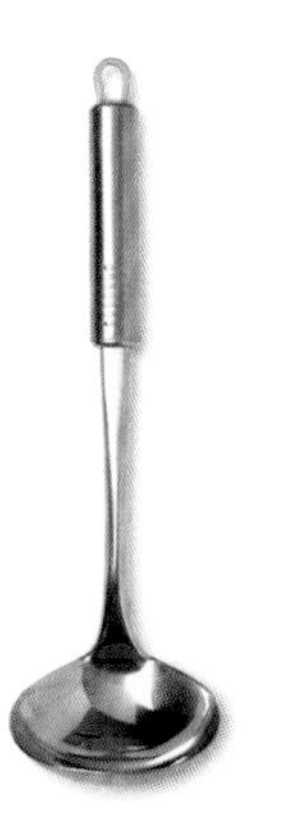
糖温度计

长柄勺

漏勺

玻璃罐

1 在平底深锅或大号的厚底炖锅中放入葡萄和柠檬，加300毫升水。煮沸并盖上锅盖，小火烹煮35至40分钟。

小贴士： 如有可能，用食物料理机将水果切碎。均匀切碎的水果无需烹煮很久就会软化，并用来过滤。这样做可以获得果味更加浓郁、口感更加清新的清透果冻。

葡萄软化后，用勺子挤压，以获得更多的果汁

果冻袋在使用前，应用开水煮沸，以彻底消毒

2 用果冻袋或干净的带平纹细布内衬的尼龙滤网过滤果浆，下面用干净的大碗接住。放置过滤一整夜，或者至少2小时，直至不再有汁液滴出。

小心！ 不要挤压果冻袋或按压果浆来萃取更多的果汁，因为这样做会使果冻变浑浊。

3 测量过滤后的果汁分量，并计算出用糖量，其比例为每600毫升果汁加450克糖。

提醒 果汁的分量通常都会不同，所以仅在确定果汁分量后再计算用糖量。

手边额外准备一些糖，以防葡萄的出汁率超过预期

4 将果汁、糖和丁香倒入平底锅中，小火加热，搅拌至糖分溶解。快速煮沸5至10分钟至凝固点，并进行凝固检测（参见87页）。用漏勺撇去所有浮渣。

小贴士：混合物在罐装前先冷却5分钟，确保丁香不会浮在表面，或者在一达到凝固点时，将丁香从热果冻中取出。

如何存放？

将果冻装入已消毒的温热的玻璃罐中，盖上圆形蜡纸，用金属盖或玻璃纸和橡皮筋密封起来。贴上标签并存放在阴暗凉爽的地方，保质期为9至12个月。

开封后冷藏保存，并在3至4周内吃完。

哪里出错了？

果冻没有凝固，或色泽很暗。你不能把果冻煮得太久，延长沸腾时间不利于果胶，可能导致果冻无法凝固，煮得越久，色泽越暗。不同水果的果胶含量不同，所以要确保有足够的果胶来完成凝固。将柠檬切好后与水果一起煨炖，并使用果酱糖来增添果胶（参见89页）。

尝试其他水果和组合

适合的水果有红醋栗、黑醋栗、草莓（因为果胶含量会有变化，所以需要加切碎的柠檬），黑莓加苹果和肉桂，以及温柏。

苹果果冻的做法同样适用于香草果冻，如迷迭香和鼠尾草。烹煮过的酸苹果果胶含量最高。

尝试更多果冻食谱 ▶▶▶

蔓越莓果冻

2小罐

1小时15分钟，另需过滤的时间

6~9个月

原料

500克新鲜或冷冻的蔓越莓

1汤匙柠檬汁

约500克砂糖（参见操作方法）

在冰箱中**冷却一个或两个小碟子**。

萃取果汁

在平底深锅或大号的厚底炖锅中倒入莓果，加600毫升水。中火加热至沸腾，再转小火，盖上锅盖，煨炖25至30分钟，直至蔓越莓变软。

用叉子或捣碎器**将已烹煮好的莓果捣碎**，倒入已消毒的果冻袋，或有平纹细布内衬的滤网中，放在碗上，并过滤一整夜。

煮沸凝固

测量果汁的分量，算出准确的用糖量：每600毫升果汁加450克糖。

为什么这么做？ 因为无法预测出蔓越莓的出汁情况，所以每次制作果冻，均需重新计算用糖量。

将果汁倒入平底深锅中，加糖，小火搅拌直至糖分溶解。将火调大，煮沸并保持沸腾（不是滚沸）10至15分钟，直至混合物变稠并达到凝固点。

把平底锅从炉子上移走，进行起皱检测以确定是否已经凝固。在冷却好的碟子上倒1茶匙水果混合物，1分钟后用手指进行推动。如果推动时出现阻力并起皱，说明混合物已经凝固。如果混合物没有凝固，重新滚沸加热1分钟，然后再进行检测。

罐装果冻

果冻凝固后，**撇去表面的浮渣**。然后盛入已消毒的玻璃罐中，盖上圆形蜡纸，密封并贴上标签，存放在阴暗凉爽的地方。开封后冷藏保存，并在3周内吃完。

迷迭香果冻

6中罐

1.5小时，另需过滤的时间

9个月

原料

1大把迷迭香枝
900克烹煮过的酸苹果，切大块，保留果核和果籽
约900克砂糖（参加操作方法）
1个柠檬挤汁

在冰箱中冷却一个或两个小碟子。

烤箱干燥迷迭香

预热烤箱至150℃。从迷迭香茎秆上择下叶子并撒在烤盘中，茎秆留用。用烤箱干燥叶子30至40分钟，然后放至冷却。

萃取果汁

将切碎的苹果连同果核和果籽倒入平底深锅或大号厚底炖锅中，加1.2升水和迷迭香的茎秆。中火加热至沸腾，然后煨炖30至40分钟，直至苹果变成软糊状。

为什么这么做? 苹果核的果胶含量高，可以帮助完成凝固，迷迭香的茎秆可以增添风味。由于果浆在过滤后会被丢弃，所以添加这两样东西不会影响果冻的质地。

如有需要，用叉子或土豆捣碎器**弄烂苹果**。将果浆倒入已消毒的果冻袋或有平纹细布内衬的滤网中，下面用碗接住。放置过滤，最好可以放上一整夜。

煮沸凝固

测量果汁的分量，并计算出用糖量：每600毫升果汁加450克糖。将果汁、糖和用烤箱干燥过的迷迭香叶放入平底锅中，小火搅拌，直至糖分溶解。

将火调大，煮沸并保持滚沸状态20分钟，直至果汁变稠并达到凝固点。

将平底锅从炉子上移走，进行起皱检测以确定是否已经凝固。在冷却好的碟子上倒1茶匙水果混合物，1分钟后用手指进行推动。如果推动时出现阻力并起皱，说明混合物已经凝固。如果混合物没有凝固，重新滚沸加热1分钟，然后再进行检测。

罐装果冻

果冻凝固时，**撇去表面的浮渣**，并均匀搅拌。

提醒　要将果冻放置10分钟，使迷迭香叶从表面沉下去，均匀地分散到果冻中。

盛入已消毒的玻璃罐中，盖上圆形蜡纸，密封并贴上标签，存放在阴暗凉爽的地方。开封后冷藏保存，并在3周内吃完。

如何制作**果汁和甘露酒**

通过自酿果汁和甘露酒来保存时令食物，可以让你在一年的任意时间享受到水果的原始风味。制作时，烹煮水果、过滤出汁、加糖增甜和糖渍处理这些技巧都很容易掌握。

煨炖水果并过滤

为了使风味最佳，煨炖时尽量少放水。像草莓这样的浆果仅需薄薄一层水，至于黑醋栗这样的厚果皮水果，每450克水果可以用150毫升水。过滤果浆，轻压以萃取出所有果汁。

给果汁加糖

测量果汁的分量，以计算用糖量，每500毫升果汁需要350克糖。搅拌果汁至糖分溶解，然后加1茶匙柠檬酸（维生素C粉），抑制细菌的繁殖并防止褪色。

小贴士：自酿果汁是用途十分广泛的原料。用静水或苏打水进行稀释，可以调制出提神的饮料来；或者用它们给冰淇淋、奶昔、水果沙拉或水果冰沙增添爽口的风味。

瓶装液体

糖分完全溶解时，借助已消毒的漏斗将液体立刻倒入已消毒的温热玻璃瓶中，或者倒入容器中冷藏，每个容器顶部要留有2.5厘米的空间可供膨胀。

黑莓汁

2小瓶

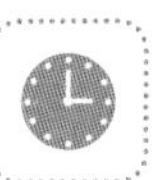
25分钟

1~2个月

原料

450克成熟的黑莓或罗甘莓
约350克细白砂糖（参见操作方法）
1茶匙柠檬酸或抗坏血酸（维生素C粉）

特殊工具

大号炖锅
已消毒的果冻袋，或平纹细布和细孔滤网
搅拌碗
量壶
已消毒的长颈漏斗
已消毒的玻璃瓶

萃取果汁

在炖锅中用少量水**加热黑莓**，水刚好铺满锅底即可。文火煨炖一小会儿直至果汁流出，需3至5分钟。煨炖时，用木勺背面或土豆捣碎器将水果压碎。

小心！小火慢炖水果，尽可能多地保留果汁的营养成分和风味。

过滤果浆

将果浆倒在果冻袋或有平纹细布内衬的滤网中，下面用碗接住。

小心！用勺子轻压果浆，以释放出剩余的果汁。轻轻挤压可以确保果汁不会因混入果浆碎末而变浑浊。

将果汁倒入量壶中，计算出糖分的需求量。每500毫升果汁使用350克糖。在果汁中添加糖和柠檬酸，搅拌至糖分完全溶解。

装入瓶中

糖分全部溶解后，用漏斗将果汁装入玻璃瓶中。密封起来，放至冷却，贴上标签，放入冰箱存放。

提醒　如果你希望果汁可以保存得久一些，可以将其倒入冷冻罐中，使用前可以在冰箱中存放长达6个月。因为液体冷冻后会膨胀，所以确保每个罐子顶部留有2.5厘米的空间。

草莓汁

2小瓶

25~35分钟

1~2个月

原料

450克草莓，去蒂后切成薄片

1汤匙柠檬汁

1根香草荚，掰开，掏出香草子并留用，或者1茶匙香草精

200至250克细白砂糖（参见操作方法）

1茶匙柠檬酸或抗坏血酸（维生素C粉）

特殊工具

大号炖锅

已消毒的果冻袋，或平纹细布和细孔滤网

搅拌碗

量壶

已消毒的长颈漏斗

已消毒的玻璃瓶

萃取果汁

在炖锅中用约200毫升水**加热草莓**。文火煨炖一小会儿，直至果汁流出。烹煮时，用木勺背面或土豆捣碎器将水果压碎。

提醒 草莓的表皮很脆弱，很容易释放出果汁，所以只需薄薄一层水即可，以免过度稀释果汁或丢失过多的风味。

过滤果浆

将果浆倒在果冻袋或有平纹细布内衬的滤网中，下面用碗接住。用勺子轻压果浆，以释放出剩余的果汁。

将果汁倒入量壶中，计算出用糖量。每100毫升果汁使用70克糖。

烹煮果汁

将平底锅清理干净，再将果汁倒回去。加糖和香草荚、香草子进行搅拌。然后用小火慢炖，无需搅动，直至糖分完全溶解，看不到糖结晶。加热至沸腾，煨炖5分钟。

装入瓶中

将平底锅从炉子上移走，取出香草荚然后扔掉，加柠檬酸进行搅拌。用漏斗将果汁装入玻璃瓶中，密封并放至冷却，贴上标签，然后放入冰箱中保存。

和草莓切片一起食用。如果你觉得精神不振，可以试着将草莓汁加入香槟或起泡酒中，调配出迷人的开胃酒。

覆盆子和香草汁：用覆盆子替换草莓，准备250克细白砂糖，无需柠檬汁。不用将香草子刮出来，可以直接将整根开口的香草荚放入果汁中，小火烹煮，无需搅拌，直至糖分溶解。

新鲜薄荷甘露酒

1小瓶

2.5~3小时

冷藏保存1个月

原料

50~100克薄荷、摩洛哥薄荷或者荷兰薄荷（花园薄荷）的叶子

300克砂糖

几滴天然绿色食品色素

几滴天然薄荷精（如果使用的是荷兰薄荷）

特殊工具

大号碗

细孔滤网

大号炖锅

已消毒的长颈漏斗

已消毒的玻璃瓶

制作果糊

碗中放薄荷叶和糖，用擀面杖的一端或杵和臼中的杵将他们碾成糊状。

小贴士：这个分量的薄荷叶会带来微妙的风味，如果你希望气味更加浓厚，可以使用两倍的分量。

将300毫升开水倒入碗中，混合搅拌。盖住碗，放置至少2小时或直至水变凉，风味释出。

烹煮甘露酒

在炖锅上方**用滤网来过滤混合物**，挤压叶片以萃取剩余的汁液。中火烹煮混合物，搅拌至糖分溶解。然后将火调大，煮沸2分钟。

装入瓶中

将平底锅从炉子上移走，如有使用，可加食用色素和薄荷精进行搅拌。用漏斗将果汁倒入玻璃瓶中，密封并放至冷却，贴上标签，存放在冰箱中。

小贴士：你可以在品尝时，加静水或苏打水进行稀释，或者混入伏特加和冰块，调配出清爽怡神的鸡尾酒。

黑醋栗甘露酒

1大瓶

20分钟

6~8周

原料

450克黑醋栗

225克糖

1个柠檬挤汁，果皮留用

特殊工具

大号炖锅

平纹细布

已消毒的长颈漏斗

已消毒的玻璃瓶

制作果汁

在炖锅中**放入黑醋栗**、糖和250毫升水，小火烹煮，搅拌至糖分溶解。

文火煨炖5~8分钟，直至黑醋栗开始流出果汁。

提醒 在烹煮时，用木勺背面或土豆捣碎器轻压水果，以尽可能多地萃取果汁。

装入瓶中

将平底锅从炉子上移走，加柠檬汁搅拌。然后通过铺有平纹细布的漏斗将液体过滤到玻璃瓶中。

为什么这么做? 平纹细布可以截住黑醋栗的果皮，确保果汁清澈透亮。

密封并放至冷却，贴上标签，然后存放在冰箱中。

小贴士：用冰苏打水稀释2汤匙甘露酒，可以调配出充满气泡的解渴佳饮来，尽情享用吧!

如何制作**瓶装糖浆水果**

瓶装保存可以延长丰收的成果，并让人们在一年的任何时间都可享用到精致的甜点。将水果装入玻璃罐中，用糖浆覆盖，然后煮沸罐头（热加工），以杀死细菌，排出空气。这样做可以形成超强的真空密封，获得很长的保质期。

小贴士：你可以在糖浆中添加整根香料，如肉桂、丁香、香草荚，或者甚至于像薰衣草、薄荷、天竺葵这样新鲜的叶片，来获得额外的风味。与糖一起放入，并在糖浆做好后取出来（参见第57了解制作香料包的方法）。

制作糖浆

糖浆可以尽可能地保留瓶中水果的原始风味和质地，有时甚至可以提升风味！在平底锅中用小火煮沸糖和水1~2分钟，搅拌至糖分全部溶解，找不到颗粒。微甜的糖浆，每600毫升水加115克糖；甜度适中的糖浆，加175克糖；特甜的糖浆，加250克糖。

罐装水果

将水果切成两半或四瓣，装入已消毒的温热玻璃罐中，倒糖浆至边沿。如果是带螺旋盖的玻璃罐，放上新的密封圈，拧上盖子，然后回转四分之一松开。如果是带卡扣的玻璃罐，将橡胶圈固定在盖子上，然后扣紧盖子。橡胶圈将玻璃罐顶部与盖子隔开，所以加热时可以排出空气。

热加工罐头

在大号不锈钢平底锅底放上折好的茶巾和三脚架，上面摆上玻璃罐。如果将玻璃罐直接放在锅底，会导致破裂。用茶巾包裹起来，可以确保它们不会直接接触。向锅中倒入足量的温水，没过玻璃罐2.5厘米。盖上锅盖，根据所需时间（参见表格），慢煮加热。用夹子取出玻璃罐，立刻扣紧卡扣或拧紧螺旋盖。热加工后24小时，测试密封效果，试着用指甲撬动罐盖。如果盖子纹丝不动，说明已经密封好了，可以将罐头放心地存放起来。

水浴热加工的时间

确保罐中的空气全部被排空，罐中的食物必须经过充分加热。热加工时间的长短取决于罐中食物的不同。本表列出了常见水果各自的炖煮时间，这里假设水的初始温度为38℃，并可以在25~30分钟内达到88℃，即将沸腾。可以使用糖温度计测量出准确的温度。

水果	加热时间（单位：分钟）
苹果（切片）	2
杏（切成两半或切片）	10
黑莓（整颗留用）	2
黑醋栗（整颗留用）	2
蓝莓（整颗留用）	2
波森莓（整颗留用）	2
樱桃（整颗留用）	10
柑橘类水果（切片）	10
蔓越莓（整颗留用）	2
无花果（加柠檬汁）	60~70
鹅莓（整颗留用）	10
金桔	10
罗甘莓（整颗留用）	2
桑葚（整颗留用）	2
油桃和水蜜桃（切成两半或切片）	20
梨（切成两半或切片）	40
各种李子（切成两半或切片）	20
温柏（切片）	30
覆盆子（整颗留用）	2
红醋栗和白醋栗	2
大黄（炖煮）	10
草莓（整颗留用或切片）	2
泰莓（整颗留用）	2

糖浆水蜜桃

瓶装糖浆水蜜桃是一种很棒的食物，可以在水蜜桃下市很久后继续享用。和绝大多数水果一样，水蜜桃很适合瓶装保存，在热加工前只需很少的准备工作，并且可以存放若干个月。

2小罐

15分钟，另需加热处理

如有加热处理，可存放12个月

原料

115~250克砂糖（参见操作方法）

4~5个刚刚成熟的水蜜桃

工具

炖锅

锋利的刀

砧板

带螺旋盖或卡扣的玻璃罐和新的橡皮密封圈

长柄勺

不锈钢平底深锅

茶巾或三脚架

夹子

砂糖

水蜜桃

锋利的刀

炖锅

砧板

带螺旋盖的玻璃罐

长柄勺

平底深锅

茶巾

夹子

1 制作糖浆时，在平底锅中加糖和600毫升的水，慢慢加热至沸腾，并煮沸1~2分钟。

提醒　根据水果的酸度，或者你对于甜味的喜好程度，来决定糖浆的甜度（参见116页）。这不会影响食物的保质期，但会影响糖的使用量。

2 削去果皮，切成两半，小心去核。如果你想使用果核，可以保留一些桃核，增添淡淡的苦杏仁味。

注意！如果果皮不太好削，可以放入开水碗中浸泡30秒，然后再进行剥皮。

3 将切成两半的水蜜桃装入带螺旋盖的温热玻璃罐中，玻璃罐应事先消毒，上方留有1厘米的空隙。用核桃夹子或干净的钳子夹开桃核，取出果仁。将热糖浆装入每个玻璃罐中，确保水蜜桃被完全覆盖住。

小贴士：填装前将空罐放在一张报纸上，以接住滴下来或溢出的糖浆。

4 在操作台上轻拍已填装好的玻璃罐，并进行旋转以去除气泡。盖紧盖子，但记住保持足够松弛，这样在水浴热加工罐头时可以排出空气（参见117页，掌握热加工的时间）。小心取出玻璃罐，并立刻拧紧盖子。

5 将瓶装水果放置24小时，然后进行密封测试。如果密封良好（参见117页），再拧紧盖子并存放起来。

小贴士：如果你使用的是带金属螺旋盖的玻璃盖，如果轻轻凹下去的盖子受压时没有继续下凹的话，说明已经密封好了。测试带卡扣的玻璃罐时，释放卡扣，然后在碗上倒置过来，真空可以正好承受住盖子和罐中之物。

如何存放？

给热加工过的罐头贴上标签，并存放在阴暗凉爽的地方，保质期可长达12个月。一旦开封，需要存放在冰箱中，并在2周内吃完。

哪里出错了？

密封测试时，很容易就打开盖子。热加工处理不成功；罐中的空气没有全部排出，没有形成必要的真空来保存食物。好消息是虽然它不能保存很久，但你仍然可以食用。放入冰箱中保存，并在2周内吃完。

尝试其他水果

适合瓶装的水果有青梅、李子、梨、油桃、覆盆子和蓝莓。

确保用来瓶装的水果紧实新鲜，没有褪色、疤痕和碰伤。

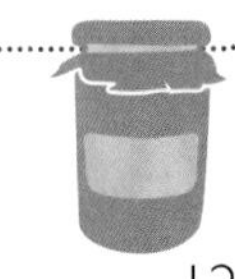

尝试更多瓶装水果食谱 ▶▶▶

蜂蜜糖浆无花果

2小罐 | 1小时，另需加热处理 | 如有加热处理，可存放12个月

原料

250毫升透明的蜜蜂

2个洗净的柠檬，果皮削成薄条状（约1厘米宽）

1个柠檬挤汁（约2汤匙）

约16个成熟的小无花果，或12个大无花果，洗净并干燥处理

准备无花果

在炖锅中加蜂蜜、柠檬皮、柠檬汁和500毫升水，小火烹煮，搅拌至蜜蜂溶解。将混合物煮沸，保持沸腾状态3分钟。

小心地将无花果放入沸腾的糖浆中，继续煮沸2分钟。

装入罐中

用漏勺将无花果从平底锅中转移到已消毒的温热保鲜罐（带螺旋盖或橡胶密封）中。

小心！装罐时，不要把无花果压得太紧，否则它们会破裂，导致形状走样。

从糖浆中**取出柠檬皮并扔掉**，将糖浆倒入罐中至完全盖住无花果。在操作台上轻拍每个玻璃罐，以排出糖浆中的气泡。盖上金属盖或橡胶圈，并密封起来。如果你使用的玻璃罐带有螺旋盖，应回转四分之一以松开盖子。

加热罐头

在平底深锅或大号厚底炖锅的底部**放上一块茶巾或三脚架**，用茶巾裹住玻璃罐，确保在热加工的过程中它们不会彼此相碰，再将它们放入平底锅中。加入足量的温水，没过玻璃罐2.5厘米。然后盖上锅盖，慢慢煨炖。根据需要进行加热（参考117页）。

密封检测后存放

用夹子取出玻璃罐。如果带有螺旋盖，拧紧盖子。

小心！拧紧盖子时，用一块茶巾防止手被玻璃罐的热气烫伤。

密封检测前，**将玻璃罐冷却**24小时。如果密封良好，你可以再次拧紧盖子，将罐头存放在阴暗凉爽的地方。开封后冷藏保存，并在2周内吃完。

提醒　如果热加工后没有形成超强的真空密封，你仍然可以品尝这些经过调味的水果和糖浆，将其作为已开封的罐头食用，并在2周内吃完。

焦糖糖浆克莱门氏小柑橘

1大罐

25分钟，另需加热处理

如有加热处理，可存放12个月

原料

175克砂糖

10个克莱门氏（Caramel）小柑橘，剥皮，用刀刮掉白色衬皮

制作糖浆

在炖锅中**放糖**和100毫升水，均匀搅拌。小火加热，无需搅动，直至糖分溶解。

将火调大，快速煮沸5~8分钟，或者直至糖浆变成金黄的焦糖色。倒入200毫升热水，搅拌至焦糖溶解，再重新煮沸。

小心！ 煮沸的焦糖糖浆在搅拌时会吐泡，所以要用茶巾或抹布来保护你的手。

装入罐中

将水果倒入已消毒的温热保鲜罐（带螺旋盖或橡胶密封）中，上方留出1厘米的空间。将糖浆倒入玻璃罐中，至完全覆盖住克莱门氏小柑橘。在操作台上轻拍玻璃罐以排出糖浆中的气泡。盖上金属盖或橡胶圈，将玻璃罐密封起来。如果使用的玻璃罐带有螺旋盖，回转四分之一以松开盖子。

加热罐头

在平底深锅或大号厚底炖锅的底部**放上一块茶巾或三脚架**，用茶巾裹住玻璃罐进行额外保护，再将它们放入平底锅中。加入足量的温水，没过玻璃罐2.5厘米。然后盖上锅盖，慢慢煨炖。根据柑橘类水果所需的时间进行加热（参考117页）。

密封检测后存放

用夹子取出玻璃罐。如果带有螺旋盖，拧紧盖子。

小心！ 拧紧盖子时，用一块茶巾防止手被玻璃罐的热气烫伤。

密封检测前，**将玻璃罐冷却**24小时。如果密封良好，你可以再次拧紧盖子，将罐头存放在阴暗凉爽的地方。开封后冷藏保存，并在2周内吃完。

提醒　如果热加工后没有形成超强的真空密封，你仍然可以品尝这些经过调味的水果和焦糖糖浆，将其作为已开封的罐头食用，并在2周内吃完。

如何干制水果和蔬菜

脱水是历史最为悠久的食物保存方法之一，这可能是因为它操作简单、效果出众所致。通过排出所有水分，使细菌和霉菌这些有害微生物无处存活。因为充分干燥农产物耗时长久，你唯一需要充分准备的是时间。

平铺风干

准备食材

风干本身是一个进展缓慢的过程，但将农产品放在热源附近可以加快蒸发的速度。将新鲜的水果和蔬菜切成小薄片，然后放在烤盘或铺有厨房纸巾的铁架上。确保它们不会相互重叠或接触。

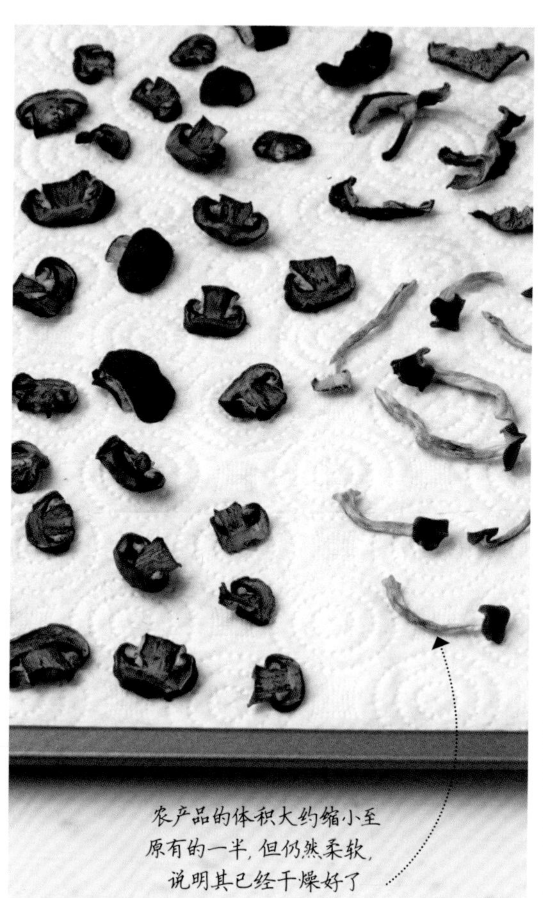

热源烘干

将烤盘或铁架放在热源上方5~10厘米，如烧木头的火炉、暖气片，或者在烘衣柜中放置一整夜。当农产品干燥后，从热源上移走，但在完全冷却前仍留在烤盘中。

悬挂风干

香草悬挂风干时，空气可以很容易地在农产品（如香草）的四周流动。用厨房里的绳子把香草捆起来，在通风、干燥的房间里横挂一条粗绳，将香草吊在上面，避免阳光直射。香草至少需要放置2周才能完全干燥。

烤箱干燥

小贴士：梨和苹果切开后会迅速变黑，干制这类水果时，可以将它们放入一大碗水中，加少量柠檬汁混合几秒钟。沥干，并用茶巾擦干，然后放在铁架上进行干燥。

将水果或蔬菜切成5毫米至1厘米厚的小片，以单层形式铺在烤盘中的铁架上。烤箱设置为最低温度50~60℃，最长烤24小时。借助钎子使烤箱稍微敞开，以产生空气流通。

西红柿干

与晒干的西红柿相比，用烤箱干制西红柿更为便捷，同样可以获得浓郁醇厚的风味，是现代烹饪中的常见原料。由于西红柿当季时产量很大，用烤箱干制处理，可以有效地消耗其库存。

3中罐

10分钟，另需干燥处理

2周（如有冷冻，可存放12个月）

西红柿

盐

原料

3千克成熟紧实、大小适中的西红柿

2~3茶匙盐

橄榄油，用来覆盖（可选用）

工具

锋利的刀

砧板

铁架

烤盘

已消毒的带盖玻璃罐

带盖的玻璃罐

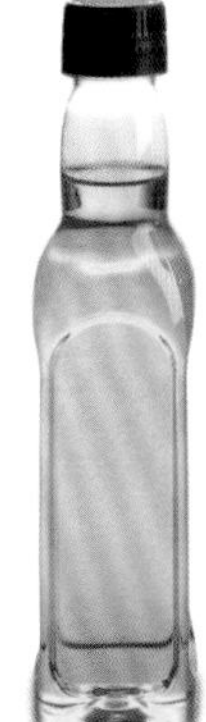
橄榄油

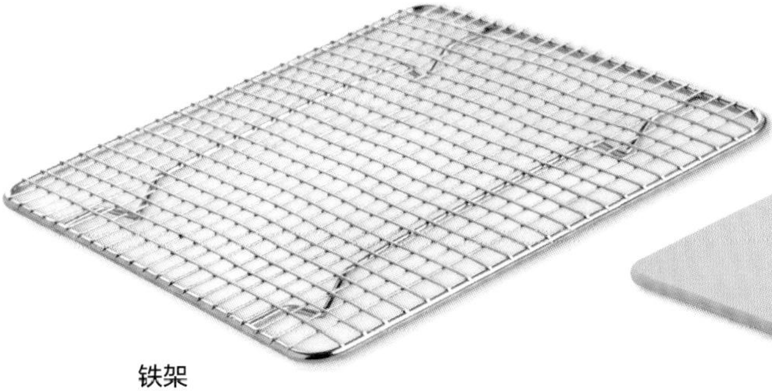

铁架

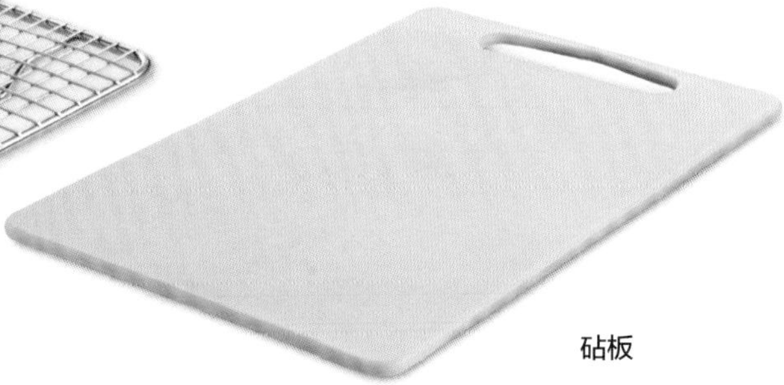

砧板

烤盘

锋利的刀

1 检查西红柿，扔掉那些有瑕疵或碰伤的次品。用锋利的刀将圆形西红柿水平切成两半，李子形西红柿纵向切成两半。再用刀在半个西红柿上划十字，并将中间翻出来。

为什么这么做？ 将划十字的西红柿中间翻出来，可以让更多的果肉暴露在干燥的空气中。

用指尖将西红柿中心翻出来

仅需少许盐即可析出水分

2 将西红柿摆在铁架上，并置于烤盘上方，划十字的那面朝上。稍微撒一点盐，放置几分钟。然后翻转西红柿，注意不要让它们互相碰到。

为什么这么做？ 在西红柿上撒盐可以促使水分流出，烤盘可以接住所有的汁液。

3 将烤盘放入烤箱中，设置为低挡（60~80℃），干燥8~12小时。定时检查，确保它们没有被烧着。西红柿干燥好后，从烤箱中取出来，留在铁架上冷却。

小贴士： 用钎子插在门框和门之间，以使烤箱留出一条小缝，确保番茄干透，而非烤熟。

干燥好的西红柿在按压中间时，不会留下残渣

4 将西红柿装入已消毒的玻璃罐中，可以保持干燥，或用橄榄油完全覆盖住，使其更加柔软。如果油封保存，在操作台上平拍玻璃罐，以排出气孔。

为什么这么做？与干燥的西红柿相比，油封西红柿更加柔软，少了点儿嚼劲。因为它们可以从冰箱中取出后直接食用，所以更适合与沙拉搭配，或者作为开胃菜。

用油完全盖住西红柿

如何存放？

罐装好的西红柿应放在冰箱中存放，并在2周内吃完。

干燥过的西红柿如想保存得更久些，可以用敞口托盘冷冻，然后装入小号保鲜袋中，可以冷冻保存长达12个月。使用时，先解冻，再装入已消毒的玻璃罐中。如果喜欢的话，还可以倒上橄榄油，至完全覆盖住。放入冰箱保存，并在1周内吃完。

哪里出错了？

如果西红柿吃起来有淡淡的烤焦味，或者边缘被烧焦了，它们可能已经发霉了。将这些农产品扔掉，下次制作时，确保将烤箱设置为最低挡，并定时检查西红柿。

如果西红柿吃起来有淡淡的金属味，下次制作时，在将切好的西红柿摆上去前，先在铁架上铺一层纱布。

尝试其他蔬菜

试着干燥处理切成薄片的甜菜根、胡萝卜和欧洲防风草，将它们做成蔬菜脆片。

尝试干制更多的水果和蔬菜 ▸▸▸

蘑菇干

1小罐 | 15分钟，另需干燥处理 | 9~12个月（如有冷冻，可存放12个月）

原料

450克栗菇、香菇或者本占地菇（buna-shimeji mushroom），或者刚采摘的新鲜蘑菇

准备蘑菇

大蘑菇切厚片，小蘑菇整个留用。在铁架上铺几张厨房纸巾，然后将蘑菇放上去，彼此不要重叠。

放置干燥

将铁架放在热源上方5~10厘米，如烧木头的火炉、暖气片、锅炉、阿格炉、夜间蓄热加热器，或者放入温热的烘衣柜中，并放置一整夜，或者也可以将铁架放入烤箱中，设置为最低挡（50~60℃），烤上几个小时。

小贴士：用钎子卡住烤箱门，使其微微敞开，确保温度不要太高，并保持空气流通。

当蘑菇缩小至原有尺寸的一半并依然柔软时，说明已经干燥好了。将蘑菇干放入玻璃罐中，并存放在阴暗凉爽的地方。或者也可以用敞口托盘冷冻，再装入保鲜袋或保鲜罐中，并保存在冰箱中。

小心！确保蘑菇在装入玻璃罐中前已经完全变凉。任何残留其中的蒸汽都会凝结，产生潮湿的环境，从而导致蘑菇变质。

小贴士：在每个罐中加一把大米，使蘑菇尽可能保持干燥。米粒作为干燥剂，会吸收残留的水分。

苹果干

2小罐

15~20分钟，另需干燥处理

6个月（如有冷冻，可存放12个月）

原料

2汤匙柠檬汁，或者半茶匙柠檬酸或抗坏血酸（维生素C粉）

1千克成熟的苹果，洗净去核，切成3~5毫米厚的环形薄片

准备苹果圈

在碗中倒入600毫升水，加柠檬汁或柠檬酸或抗坏血酸并进行搅拌。在水中浸泡一小把苹果圈，然后取出，在茶巾上沥干，再铺在铁架上，彼此不要重叠。

为什么这么做？用酸性水浸泡苹果薄片，可以防止它们变成褐色。

将铁架放入烤箱中，设置为最低挡（50~60℃），根据气温，烤制8~24小时。干燥时，偶尔翻一翻。

注意！如果无法长时间干燥处理苹果圈，可以根据情况，在几天内分阶段完成。

装入罐中

当苹果圈缩小且有韧性，摸上去像柔软的麂皮时，说明**它们已经干燥好了**。将苹果圈从烤箱中取出，用厨房纸巾盖上，放置12~24小时。冷却时经常翻转，充分散发水分。

将干燥好的苹果圈装入密封罐中，并存放在阴暗凉爽的地方，在此之前应确保它们已经彻底冷却。如要冷冻，可在敞口托盘中冷冻，然后装入保鲜袋中，保存在冰箱中。

小心！定期检查是否有发霉变质的迹象，并将品相不佳的部分扔掉。

尝试其他水果

有核的水果：干燥有果核的水果（如杏）时，先切成两半，去核，然后将切面朝上进行干燥处理。

厚皮水果：干燥厚皮水果（如香瓜和香蕉）时，先剥皮，并取出果籽。

薄皮水果：先将薄皮水果（如葡萄）放入开水中浸泡30秒并撕去果皮，然后沥干并拍干，再用烤箱干燥处理。

个头大的水果：个头较大的水果（如水蜜桃和无花果）进行干制时，先切成两半，然后切面朝上进行干燥处理。

3
拓展篇

现在你已经掌握了一些最有用的食物保存技巧了，是时候进行大胆创新了。本篇会介绍一系列较为少见的食谱，它们可以帮助在家自己动手保存食物的你拓展视野。当你已经领略到食物加工的艺术，为什么还要依靠那些现成的“大路货”呢，让我们来动手制作黄油和奶酪吧，甚至还可以自酿美酒哦。

本篇中，我们将会学习准备或制作下列美食：

酸果酱
pp.134~141

水果凝乳
pp.142~149

黄油
pp.150~155

软质奶酪
pp.156~157

酒精饮料
pp.158~165

干腌鱼和湿腌鱼
pp.166~173

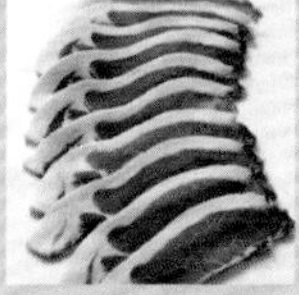

湿腌肉和干腌肉
pp.174~183

罐头肉
pp.184~187

如何制作**酸果酱**

酸果酱是一种用来涂抹的凝胶状水果，和果酱类似，通常由柑橘类水果制成，风味浓郁。酸果酱的制作过程与果酱基本相同，仅需简单增添一个环节，即在加糖前，将坚硬的果皮慢炖一会儿至软化。

小贴士：因为糖会抑制软化，所以在加糖前应确保果皮已经足够柔软。

煮沸果皮、衬皮和果籽

果皮、衬皮和果籽的果胶含量高，需要软化果皮，并尽可能多地提取果胶。将果籽和多余的衬皮装入棉布袋中（参见57页），在平底锅中加水，将棉布袋连同果皮一起放进去，虚掩锅盖，煮沸1小时，或者直至果皮变软。

切开果皮

橘皮足够冷却后，用一把锋利的小刀在砧板上将其均匀切丝，并根据你的喜好决定其粗细。

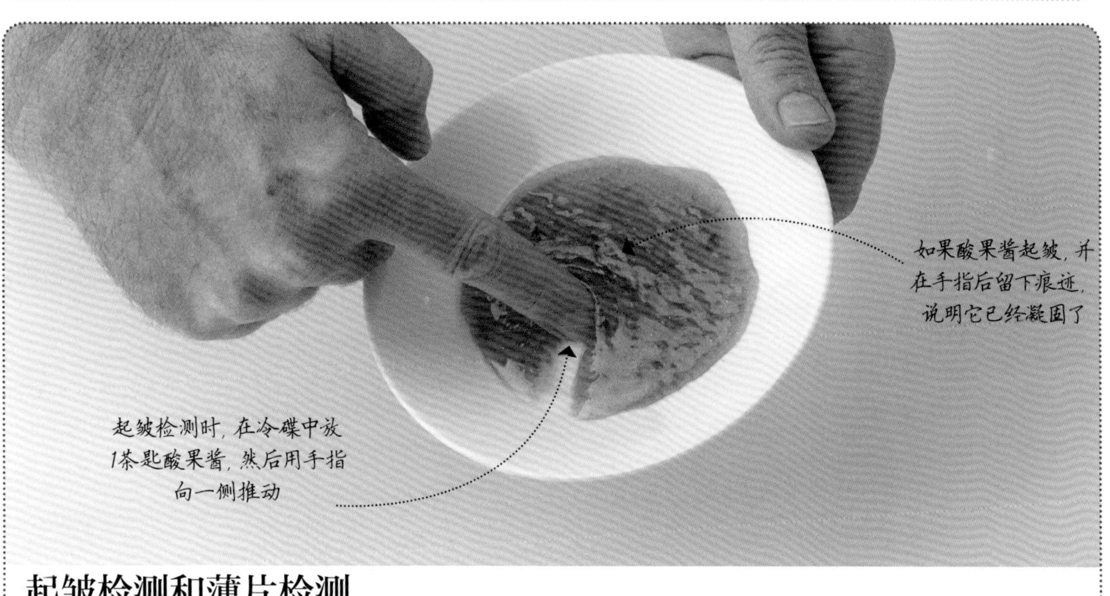

起皱检测和薄片检测

通常来说，酸果酱需要煮沸5~20分钟才能凝固，这取决于果胶的含量高低。凝固检测有两种，分别是薄片检测和起皱检测。在进行薄片检测时，倾斜一茶匙酸果酱，如果剩余的混合物以薄片形式，而不是以流质形式落下，说明它已经凝固了。

动动手之制作

橙果酱

和果酱一样，制作这种又酸又甜的传统食物时需要分步骤进行。橙果酱在煮沸凝固前应先将橙皮准备妥当，它并不仅仅可以作为早餐食用还能像浇头一样涂抹在烤箱烤制的火腿上，或者还可以作为蛋糕的夹层。

2小罐

1小时45分钟至2小时

12个月

原料

1千克大个儿甜橙，洗净去梗（或者参考下文）

2个柠檬，未上蜡

1千克砂糖

工具

锋利的刀

砧板

平纹细布

细线

平底深锅或大号的厚底炖锅

大号木勺

糖温度计

广口果酱漏斗

长柄勺

漏勺（可选用）

玻璃罐，带盖或玻璃纸面和橡皮筋

若干张圆形蜡纸

塞维利亚酸果酱

用小个儿味苦的塞维利亚柑橘替换大个儿的甜橙。其果皮厚且硬，果肉酸涩，果籽多，所以果胶含量高，可以制成凝固完美的酸果酱。使用等量的塞维利亚柑橘、1个柠檬和1.1千克砂糖。

甜橙  柠檬  砂糖 锋利的刀

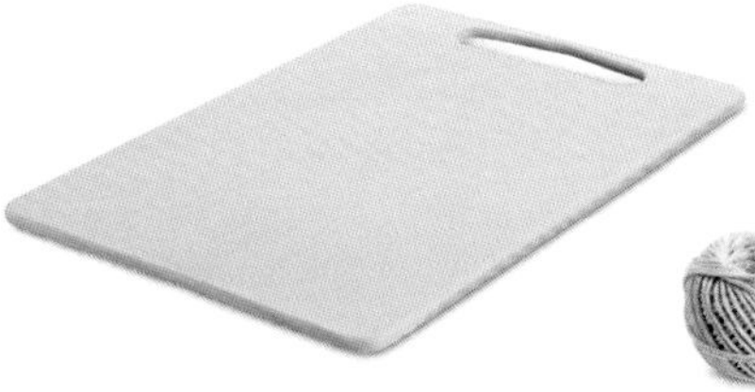

砧板  细线 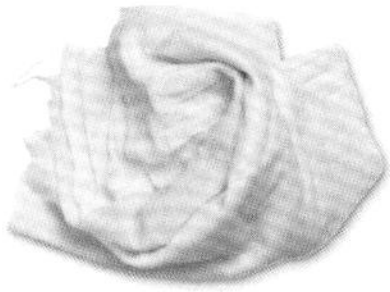 平纹细布

平底深锅  木勺  糖温度计

果酱漏斗  长柄勺  漏勺

玻璃罐  圆形蜡纸和玻璃纸  橡皮筋

1 在冰箱中冷却一两个碟子，将橙子和柠檬切成两半，再将果汁挤到量壶中，并放入冰箱中，使其保持新鲜。从榨汁机中收集衬皮和果籽，然后放在一块平纹细布中，并扎起来。

小贴士：用长线系住平纹细布，使其可以方便地从平底锅中取出。

2 将橙皮倒入平底深锅或大号的厚底炖锅中，放棉布袋和1.2升水。加热至沸腾，然后煨炖1小时或者直至其变软。将食材倒进大号滤锅中，下面用碗接住。刮掉剩余的衬皮，并留下橙皮。保留衬皮和果汁。

小贴士：轻压果皮，尽可能多地萃取果汁。

3 将橙皮切成细丝，加一点儿柠檬皮以增添花样。将橙皮丝、保留的液体和果汁倒入炖锅中，加糖，小火加热，搅拌至糖分溶解。快速煮沸5~20分钟，或直至完成凝固。进行凝固检测时，将平底锅从炉子上移走（参见135页）。

提醒　煮沸时间越短，酸果酱越新鲜，所以应尽早检测。

4 酸果酱凝固后，放置冷却10~12分钟，并略微变稠，这样橙皮丝会均匀散开。撇去浮渣，装入已消毒的温热的玻璃罐中，盖上蜡纸，加盖密封起来，或者用玻璃纸和橡皮筋。

小心！不要让酸果酱凉过头了，应在85℃以上罐装。

如何存放?

给玻璃罐贴上标签，可以在阴暗凉爽的地方存放长达12个月。

哪里出错了?

如果酸果酱味道怪怪的，或者没有凝固，这可能是因为你煮沸时间太久了，延长沸腾的时间会影响风味和凝固效果。

如果果皮太硬了，由于糖分可以硬化果皮，所以下次可以延长烹煮橘皮的时间。或者，加一个柠檬，也可以解决这个问题。

更多提示

虽然酸果酱的基本制作方法是相同的，但根据水果是苦是甜，抑或气味浓郁，不同的食谱需要不同分量的糖。

选用没有瑕疵或碰伤的成熟的柑橘类水果，可以制作出口感出众的酸果酱来。不要根据颜色来选择水果，许多柑橘类水果在果皮依然青绿时已经完全成熟了。

绝大多数非有机橘子的表皮有一层蜡，烹煮前需要将橘皮清洗干净，以去除这层蜡，或者也可以购买未上蜡的柑橘类水果。

尝试其他酸果酱食谱 ▶▶▶

威士忌克莱门氏小柑橘酸果酱

3中罐

1小时15分钟

9个月

原料

900克克莱门氏小柑橘（clementines），洗净切半，果籽留用

2个大柠檬挤汁

900克砂糖

1~2汤匙威士忌（或白兰地）

在冰箱中冷却一个或两个小碟子。

准备克莱门氏小柑橘

选择脉冲按钮，用食物料理机**将克莱门氏小柑橘打碎**，但不要变成糊状。

小贴士： 如果没有食物料理机，可以挤出果汁，然后用锋利的刀将果皮均匀切丝。

软化果皮

将切碎的水果放入平底深锅或大号的厚底炖锅中，加900毫升水。将火调大，加热至沸腾，然后调小煨炖，小火烹煮30分钟甚至更久时间，直至果皮变软。

煮沸凝固

在平底锅中**加柠檬汁和糖**，保持小火并不停搅拌，直至糖分溶解，看不到糖结晶。将火调大，加热至沸腾。保持滚沸状态烹煮混合物20~30分钟，或者直至其变稠并达到凝固点。

凝固检测

将平底锅从炉子上移走，进行起皱检测，看看水果混合物是否已经凝固。在冷却的碟子上倒1茶匙混合物，放置60秒，然后用手指推动。如果推动时有阻力并起皱，说明它已经达到凝固点了。如果混合物尚未凝固，重新滚沸加热1分钟，再进行检测。

装入罐中

酸果酱凝固后，加威士忌（也可以用白兰地）进行搅拌，让酸果酱在平底锅中冷却几分钟。

为什么这么做？ 让混合物在平底锅中冷却，可以使水果从表面沉下去，并更加均匀地分散到滚热的液体中。

将酸果酱盛入已消毒的玻璃罐中，盖上圆形蜡纸，密封并贴上标签，存放在阴暗凉爽的地方。开封后冷藏保存。

粉红西柚酸果酱

4大罐

2~2.5小时，另需浸泡的时间

1年

原料

3个佛罗里达粉红西柚，重约750克，洗净

2个柠檬，洗净

约1.5千克砂糖（具体参见下方说明）

提醒 在动手前，给西柚称重，其两倍为用糖量。一般来说，你需要两倍于水果的用糖量。

在冰箱中冷却一个或两个小碟子。

准备果皮

仔细剥下西柚和柠檬的果皮，然后切成细细的长条。

小心！ 因为衬皮会使酸果酱味苦，所以不要在果皮上保留任何衬皮。不过在切除时可以将衬皮留用，借助其果胶含量可以实现完美的凝固。

从柠檬和西柚中**挤汁并留用**，挤好后，会剩下带有厚厚衬皮的西柚皮，留下备用。

将果籽和刮下来的衬皮放入小碗中，加入足量的冷水覆盖住并放在一边。将果皮长条、果汁和1.3升水倒入碗中，盖住并放置一整夜。切碎西柚皮，用一块平纹细布系起来，放置一晚。

软化果皮

将果皮、果汁和水的混合物转移到平底深锅或大号厚底炖锅中。沥干泡在水中的果籽和衬皮，一并放入锅中。将果籽和衬皮放入装有西柚皮的棉布袋中，也放入平底锅中。煨炖1.5~2小时，偶尔搅拌一下，或者直至果皮变得很软，混合物减少约一半。取出棉布袋，稍加冷却，挤出所有果汁到平底锅中，然后把棉布袋扔掉。

煮沸凝固

加糖，小火加热并持续搅拌至糖分溶解。然后加热至沸腾，保持滚沸状态20~30分钟，或直至混合物看起来已经变稠并达到凝固点。

将平底锅从炉子上移走，进行起皱检测，看看混合物是否已经凝固（参见135页）。如果尚未凝固，重新滚沸加热1分钟，再进行检测。

装入罐中

酸果酱凝固后，用漏勺撇去浮渣，在平底锅中冷却几分钟，使水果可以更加均匀地分散在滚烫的热液中。轻轻搅动混合物，使剩余的果皮分散开来，再将酸果酱装入已消毒的玻璃罐中。用圆形蜡纸盖上，密封并贴上标签，存放在阴暗凉爽的地方。开封后冷藏保存。

如何制作水果凝乳

在保存的食物中，水果凝乳是极少数含有乳制品的，通常为黄油（有时是高脂厚奶油）和鸡蛋。在某些食谱中会建议从头至尾用一口平底锅来烹煮食材，但是这样做会增加过度加热的风险，导致混合物破裂。为了更好地把控，可以将碗放入装有沸水的平底锅中，轻轻烹煮碗中的混合物，获得品质上佳且软绵绵的水果凝乳。

融化黄油并溶解糖分

在厚底炖锅中倒入水果，连同糖和黄油一起加热。如果你喜欢粗糙的凝乳，可以使用果汁、果皮和柑橘果肉；如果希望口感更加顺滑些，可以只加果汁。持续搅拌至黄油融化，糖分溶解，没有砂砾感。

添加鸡蛋

将混合物转移到耐热的大碗中，将碗放在平底锅中或上面，该锅仅用来煮水。这种温和的烹煮方法可以防止凝乳破裂。用细孔滤网将搅匀的鸡蛋过滤到滚烫的混合物中，持续搅拌，避免把鸡蛋煮成炒蛋。

达到合适的稠度

小火烹煮混合物20~40分钟，确保水不要太烫，导致凝乳因煮沸而破裂。不停搅拌，当它的稠度可以裹住木勺勺背时，说明凝乳已经做好了。

储存凝乳

凝乳一做好，就从炉子上移走。加热已消毒的玻璃罐，然后趁热将凝乳装进去，凝乳冷却后会略微变稠。立即用圆形蜡纸和玻璃纸密封起来，存放备用。凝乳可以在冰箱中保存1个月。

柠檬凝乳

制作凝乳最大的乐趣在于，可以将如此简单的食材变得华丽扑鼻，如乳脂般顺滑。与水果黄油和水果奶酪相似，柠檬凝乳的主要原料为水果和糖，但黄油和鸡蛋使其浓腻。

3小罐

15分钟

冷藏保存
1个月

原料

150克无盐黄油，切片

450克细白砂糖

4个未上蜡的柠檬挤汁（果汁总量约为350毫升），果皮留用

4个小鸡蛋或中等大小的鸡蛋，轻轻搅匀

工具

锋利的刀

砧板

磨碎器

耐热大碗

大号炖锅

木勺

细孔滤网

玻璃罐，带盖或者玻璃纸和橡皮筋

若干张圆形蜡纸

黄油

细白砂糖

鸡蛋

未上蜡的柠檬

锋利的刀

砧板

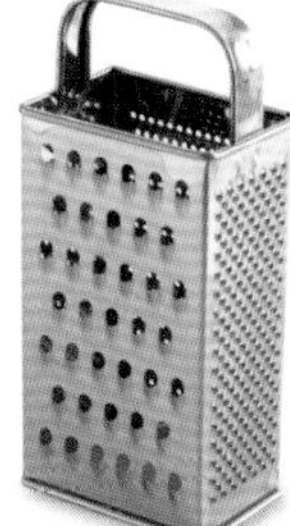
磨碎器

耐热碗

炖锅

木勺

细孔滤网

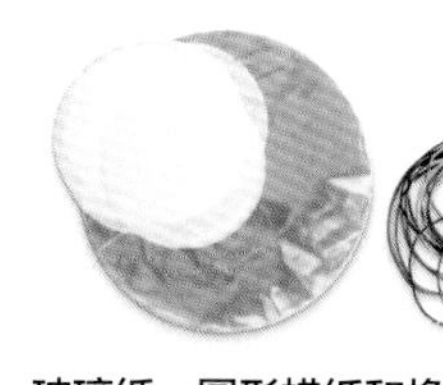
玻璃纸、圆形蜡纸和橡皮筋

玻璃罐

1 将柠檬皮轻轻磨碎备用。再将柠檬切成两半，挤出果汁，保留备用。将柠檬汁和柠檬皮倒入平底锅中，加黄油和糖。小火搅拌至黄油融化，糖分溶解。

小心！仅磨碎柠檬皮黄色的部分，下面的白色衬皮味苦。

2 将混合物倒入耐热的大碗中，再放入有微微沸腾的水的平底锅中。

注意！如果你担心混合物会凝结起来，可以将碗悬挂在体积较小的炖锅上方，使碗的底座接触不到沸水，从而延缓烹煮的过程。混合物将会通过蒸汽的热量进行烹煮。

3 用细孔滤网将搅匀的鸡蛋过滤至混合物中，尽可能地持续进行搅拌。

小心！时刻关注混合物，不要让其处于无人照料的状态，否则你可能会得到破散的凝乳。搅拌混合物不仅可以防止鸡蛋变成炒蛋，还可以确保底下的混合物不会被过度加热，或者黏在碗上。

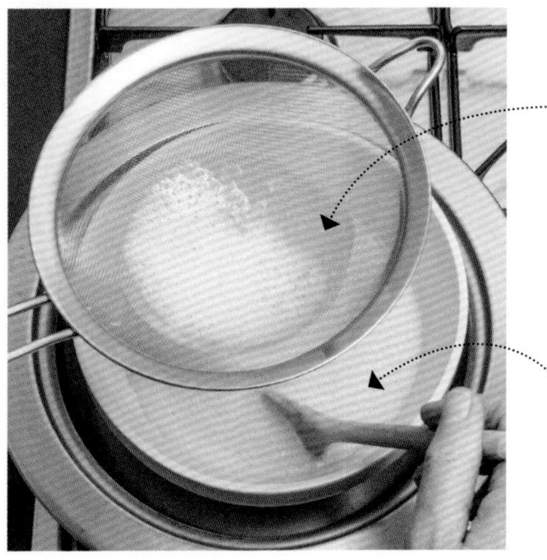

4 在碗中轻轻烹煮凝乳20~40分钟，保持锅中的水处于沸腾状态。如有必要进行添加，不要把水煮干了。

注意！凝乳开始冒泡并沸腾时，容易破裂。将碗从热源上移走，放入冰水碗中，用勺子搅拌至冷却。重新用小火加热，搅拌直至稠度合适。

5 凝乳做好后，趁热将其装入已消毒的温热玻璃罐中，盖上圆形蜡纸，并用金属盖或玻璃纸密封起来。

提醒 最终的凝乳会在冷却后继续变稠，但如果你在测试时觉得稠度不够，可以重新加热，并多煮一会儿。

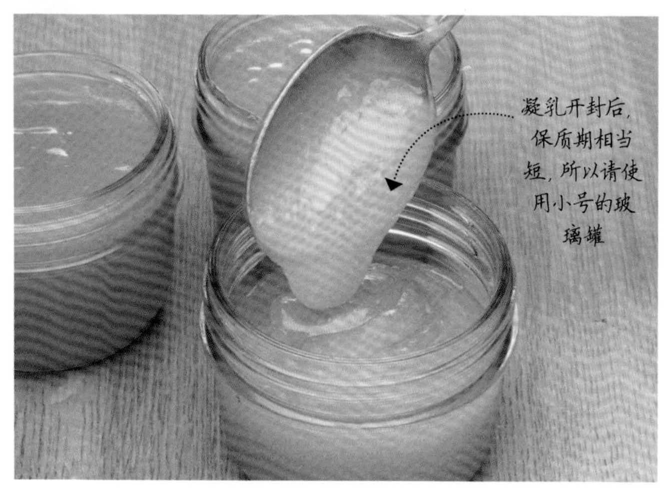

如何存放？

罐装的凝乳可以在冰箱中存放长达1个月。开封后应冷藏保存。

哪里出错了？

凝乳剧烈冒泡。将混合物倒入大号的冷碗中，用力搅拌进行降温，在其凝结前进行挽救。参考上面的第4步。

凝乳破裂了。混合物加热得太快了；热源温度太高，或者液体没有均匀受热。下次操作时，将碗放在水的上方，用很小的火，持续搅拌，确保混合物均匀受热。

尝试其他水果

所有微酸的水果都可以制作出很棒的凝乳，如杏、黑醋栗、鹅莓、覆盆子、酸橙和西柚。

尝试更过水果凝乳配方 ▶▶▶

橙凝乳

2小罐

45~50分钟

冷藏保存1个月

原料

2个大个儿橙子，榨汁，果皮留用，洗净去蜡，均匀磨碎

1个柠檬，新鲜挤汁

175克细白砂糖

115克无盐黄油，切片

4个大鸡蛋黄，轻轻搅匀

混合食材

将橙皮和橙汁倒入炖锅中，加柠檬汁搅匀。在平底锅中加糖和黄油，小火加热至黄油融化，糖分溶解。再将混合物转移到耐热的大碗中，稍微冷却下。

烹煮凝乳

将耐热碗放入有微微沸腾的水的平底锅中，水几乎没过碗边。

提醒 如果你喜欢的话，可以将碗悬挂在体积较小的平底锅上方，使碗的底座碰不到水，可以用较小的热度进行烹煮。这样做的话，烹煮的时间相对更长。

加入过滤的鸡蛋黄并进行搅拌。非常温和地烹煮凝乳，持续搅拌25~30分钟，或者直到混合物变稠，并裹在勺背上。用手指进行凝固检测，如果在勺背的凝乳上可以划出痕迹，说明其已经可以进行罐装了。

小心！ 烹煮凝乳时应保持耐心。不停地搅拌，以均匀受热，不要让其沸腾，这样会使混合物破裂。

罐装凝乳

将煮好的凝乳从炉子上移走，然后盛入已消毒的温热的玻璃罐中，用圆形蜡纸盖上，密封并贴上标签。保持冷藏保存，并在做好的1个月内吃完。

橙凝乳气味浓郁，可以当成冰淇淋的配料，或者作为蛋糕的夹层。

提醒 凝乳的保质期不是很长，并且应放入冰箱保存。

覆盆子凝乳

2小罐

45~50分钟

冷藏保存
1个月

原料

250克新鲜的覆盆子
2汤匙柠檬汁，新鲜挤汁
115克无盐黄油，切片
150克细白砂糖
4个大鸡蛋黄和1个大鸡蛋，轻轻搅匀

混合食材

在覆盆子中加柠檬汁，并用食物料理机**进行加工处理**，然后过滤果浆，去除所有果籽。将覆盆子酱连同黄油和糖一起放入炖锅中，小火加热至黄油融化，糖分溶解。再将混合物转移到耐热碗中，并稍加冷却。

小贴士：为了加快烹煮的速度，可以在将细白砂糖加入果酱前，先在低温预热的烤箱中轻轻加热约5分钟。

烹煮凝乳

将耐热碗放入有微微沸腾的水的平底锅中，水仅没过碗边一点。

小贴士：如果你喜欢的话，可以将碗悬挂在体积较小的平底锅上方，使碗的底座碰不到水，可以用较小的热度就行烹煮。这样做的话，烹煮的时间相对更长。

加入过滤的鸡蛋黄并进行搅拌。非常温和地烹煮凝乳，持续搅拌25~30分钟，或者直到混合物变稠，并裹在勺背上。用手指进行凝固检测，如果可以用手指划出痕迹，说明其已经做好了。

注意！如果凝乳开始冒泡或沸腾，应立刻阻止其凝结。将碗从热源中取出，可以放入冰水碗中，用木勺搅拌至混合物冷却，或者将凝乳倒入大号的冷碗中，用力搅拌降温，更加均匀地分散热量。

罐装凝乳

将煮好的凝乳从炉子上移走，然后盛入已消毒的温热的玻璃罐中，用圆形蜡纸盖上，密封并贴上标签。保持冷藏保存，并在1个月内吃完。

覆盆子凝乳可以当作酸奶的浇头，或者和掼奶油以及蛋白霜搭配，作为款待的佳肴。

如何制作**黄油**

黄油实际上就是奶酪，是保存多余牛奶的传统工艺。虽然储存牛奶已经不再是个难题，但自己动手制作黄油可以给你带来一场充满乐趣并且很过瘾的体验。同时，这个过程快得惊人，也无需特殊的工具，只需要电动搅拌器或食物料理机，再花上差不多30分钟就可以完成了。

在搅拌快要结束的时候，混合物看起来好像黄色的炒蛋

制作乳脂

黄油是由牛奶中脂肪最多的部分制作而成，这个部分我们也称之为奶油。首先要将奶油转化成乳脂，然后放置两个小时使其变酸。在传统黄油的制作中，还需再搅拌几分钟。

将乳脂握紧实，然后用力按压以排出液体的脱脂乳

提取脱脂乳

通过搅拌可以将奶油分成固体乳脂和称作脱脂乳的液体。应将脱脂乳全部挤出来，否则它们会很快变酸，并使黄油变质。带槽的黄油拍是传统的制作工具，不过木铲也同样适用。

清洗黄油

挤出来的脱脂乳可以用来制作苏打面包和蛋糕，或者直接饮用。每次挤汁后，都用冷水冲洗乳脂，直到水变清。所有脱脂乳都被排出了，黄油也可以装入模具了。

装入定型

将黄油紧紧压入黄油模具中，每一层都撒上盐，以延长其保质期。或者也可以将黄油抹成薄层，再撒上盐。充分混合在一起，然后将加盐的黄油定型成长方形厚片或球形。

加盐黄油和无盐黄油

黄油制作起来快捷简单，如果你正好在冰箱中有多余的奶油，这是一种巧妙的处理办法。在做好的黄油中添加新鲜的香草、压碎的胡椒子或者剁碎的蒜瓣，搭配煎鱼或牛排食用，或者给酱汁调味。

500克

约25分钟

加盐后，
至多3周

原料

1.2升高脂厚奶油，在室温下放置3小时

1茶匙细盐（可选用）

工具

电动搅拌器或食物料理机

大碗

滤网

木质砧板

木铲或黄油拍

黄油模具、蛋糕杯或防油纸

高脂厚奶油

盐

电动搅打器

大碗

滤网

木质砧板

黄油模具

木铲

1 将奶油倒入已消毒的干净大碗中，用电动搅拌器搅拌几分钟，直至将奶油打发变稠。

小贴士：如果你喜欢的话，也可以用食物料理机搅拌奶油至其出现分离。

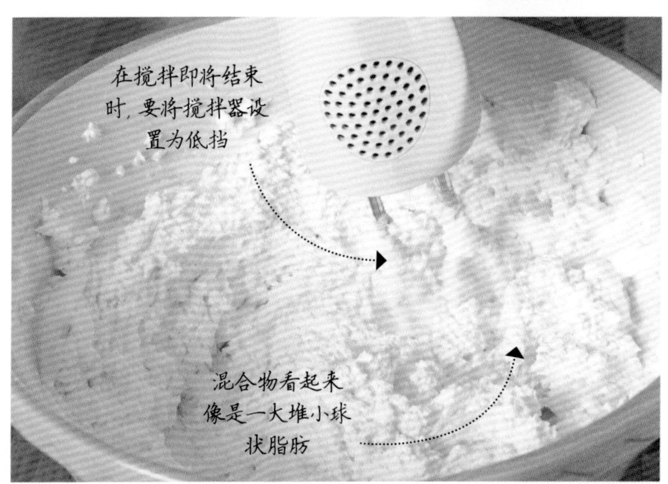

2 继续搅拌至奶油变黄，并出现类似炒蛋的东西。再搅拌2~3分钟，或者直至奶油分成脱脂乳液体和固体脂肪。沥干脱脂乳。

小心！当混合物分开时，继续进行搅拌，脱脂乳会从碗中喷出来。将搅拌器设为低挡，可以让你有时间快速做出反应并及时停下来。

3 在将固体乳脂转移到木板上前，先放入滤网中，用冷水清洗。用木铲或黄油拍舀出乳脂块，然后挤出脱脂乳。

小贴士：木质工具在使用前先放入冰水中浸泡30秒，这样黄油就不会黏在上面了。

4 继续挤压黄油，以排出脱脂乳。用冷水冲洗黄油，然后挤出更多的脱脂乳，并重复操作。当流出的水变清时，黄油就做好了。

为什么这么做？因为脱脂乳会使黄油发臭变质，所以要排出所有脱脂乳并清洗乳脂，以延长黄油的保质期。

冷水可以在处理时让黄油保持凉爽

5 将乳脂舀进或压进黄油模具或奶酪蛋糕碗中，并压紧实。或者也可以用手将其定型成球形或长方形，并用防油纸紧紧包裹起来。放入冰箱存放，并在7天内吃完。如果要给黄油加盐，将乳脂一层层码起来，每一层都撒上盐。

小心！气泡会使黄油变质，所以黄油应装紧，以排出气泡。

如何存放？

加盐后，黄油可以在冰箱中保存2~3周，或者冷冻保存2~3个月。

哪里出错了？

奶油打得不够稠。你可能使用的是均质奶油，均质奶油虽然也可以打稠，但可能达不到你的预期。

尝试制作风味黄油

自制风味黄油时，可以**将香草和香料**连同盐一起加入黄油中。可以尝试整颗芥末加干燥的百里香和鼠尾草；均匀切碎的细洋葱、莳萝或薄荷；均匀切碎的西芹和柠檬皮；或者剁碎的大蒜。放入冰箱中存放约1周，或者卷成合适的大小，冷冻保存长达3个月。

尝试制作软质奶酪 ▶▶▶

如何制作**软质奶酪**

历史上，软质奶酪是另一种消耗多余牛奶的方法，其另一个名字——农夫奶酪（cottage cheese），揭示出其低微的出身。制作时无需特殊的工具或复杂过程，只要将一些牛奶凝结起来，并过滤掉含水的副产品，制作出口感温和的凝乳。可以额外进行调味。

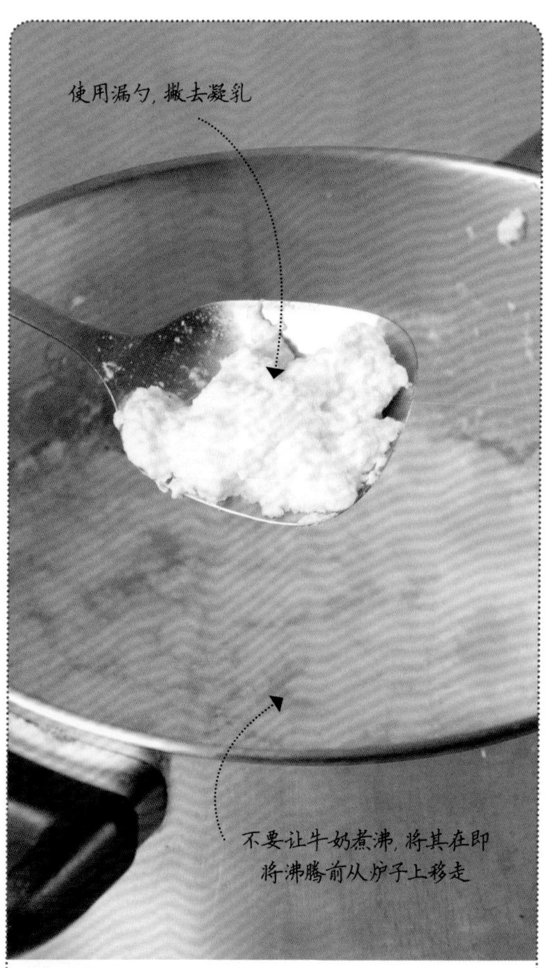

凝结牛奶

将牛奶放在温暖的地方，会使其变得更酸，导致其酸化（或者凝结），并分成凝乳和含水的乳清。你可以在炖锅中小火加热牛奶，然后加一些含有天然果酸的柠檬汁进行搅拌，这样做可以加快制作的速度。

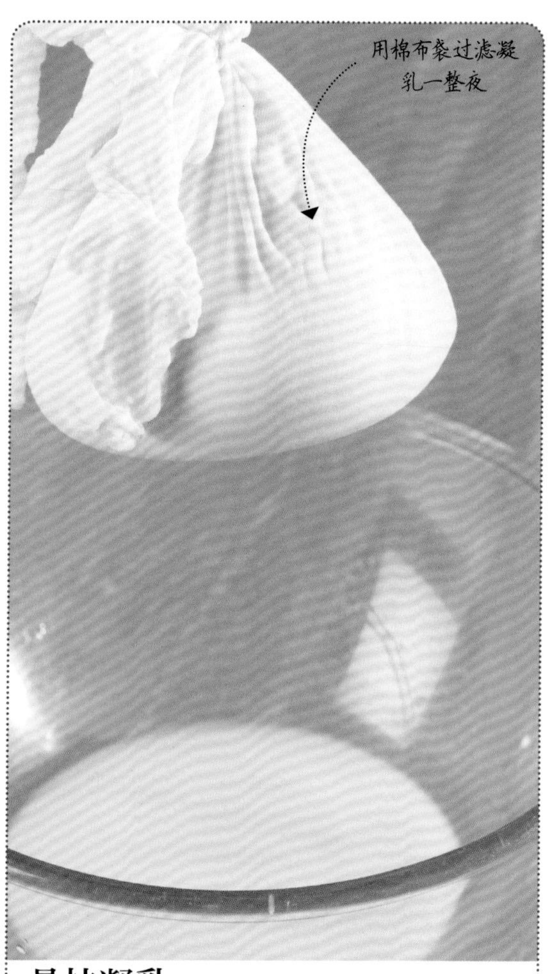

悬挂凝乳

软质奶酪由凝乳制成。将凝乳从液体乳清中取出，过滤一整夜以进一步排干水分（这样做可以获得口感非常温和的软质奶酪），并加香草和香料进行调味。

加蒜和香草的**软质奶酪**

约200克

1.5~2天

最多2天

原料

1.2升全脂牛奶

2汤匙新鲜的柠檬汁

半个或1个蒜瓣，均匀剁碎

2汤匙刚切碎的混合香草，如细洋葱和西芹

海盐和刚研磨成粉的黑胡椒

特殊工具

平纹细布、细线

制作奶酪

将牛奶倒入大号的厚底炖锅中，小火加热至即将煮沸。在其即将沸腾前立刻从炉子上移走。

加柠檬汁进行搅拌，促使凝乳形成，然后放置10分钟，不要搅拌，使其凝结。

提醒 柠檬汁会增加牛奶的酸度，并加快凝结的过程。

沥干奶酪

在滤网上铺平纹细布，用长柄勺装上凝乳。放置过滤至少30分钟，直至绝大数乳清被排出，倒掉乳清。

为什么这么做？排干液体十分重要，否则奶酪会太软，无法保存太久。

提起平纹细布并裹住凝乳，再挤压并排出多余的液体。用细线系住平纹细布的四角，放入冰箱中，使其在碗上过滤一整夜。

小贴士：滤网中铺平纹细布，并置于大号搅拌碗上，可以接住剩余的乳清滴液。或者也可以用木勺沿棉布袋一圈圈地推挤，并悬挂在碗上。

调配风味

打开平纹细布，将软质奶酪涂抹在工作台或砧板上。将收集了一晚上的乳清倒掉。

加蒜、细洋葱和其他调味料，**轻轻揉捏**，直至它们均匀地混合在一起。将奶酪舀入干净的罐子、干酪蛋糕碗或碟子中，放入冰箱保存，并在2天内吃完。

小贴士：2天后，奶酪会失去其口感，变得有点儿松散。但在品尝奶酪前仍然值得将其放置24小时，以使风味混合起来。

如何制作**酒精饮料**

享受自酿佳酿或苹果酒不是遥不可及的天方夜谭。借助一些基本的酿制工具、周密的准备和一点耐心，在水果、蔬菜，甚至花朵中加糖和专业酿酒酵母进行发酵，就可以酿制出美味可口的酒精饮料。

制作酒液

酿酒酵母中的精选微生物可以分解或吃掉含糖很高的酸性液体，并将其转化成酒精。通常都会在果汁中额外添加糖以弥补天然含糖量的不足。根据食谱将水果捣碎成糊状物，用已消毒的果冻袋、棉布或带平纹细布内衬的滤网来过滤果浆，下面用已消毒的碗接住。如果酿制的是苹果酒，可以将糖直接加入过滤后的果汁中。如果是酿酒，先用一碗热水将糖化开，放置冷却，然后再加到准备好的水果中。

发酵酒液

通过已消毒的漏斗将果汁倒入已消毒的细颈大瓶中，并在顶部预留合适的空间，再投放酵母。专业酵母可以确保获得稳定且可预料的结果，并除掉无用的野生酵母，如葡萄皮中自带的酵母。

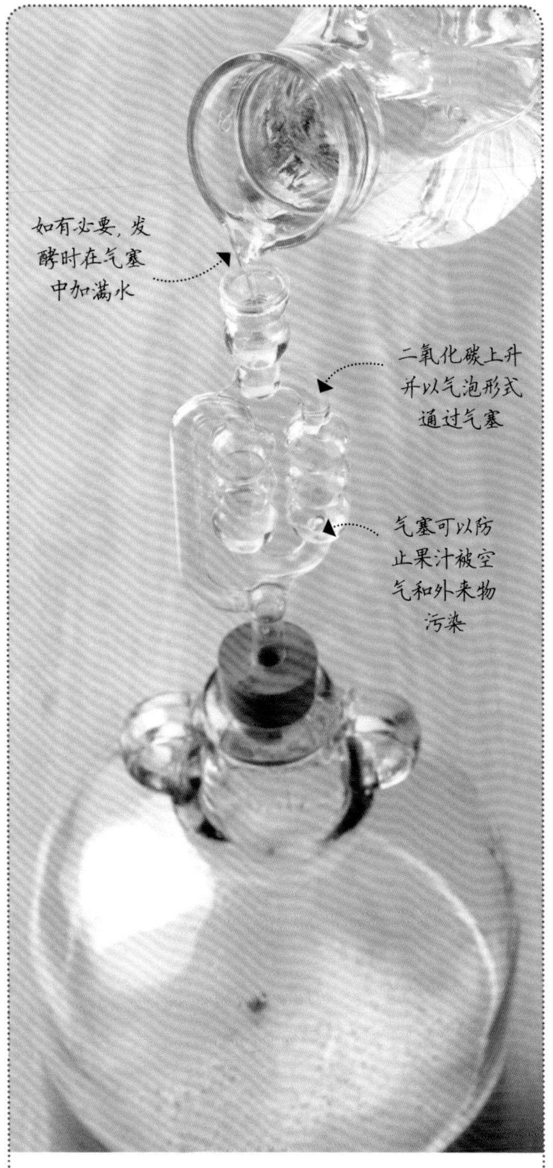

安装气塞

一旦开始发酵，在细颈大瓶上安装气塞，里面倒点儿水，果汁发酵时，二氧化碳可以气泡形式排出。发酵完成后就不会出现气泡了，最终酵母相继死掉，并在细颈大瓶底留下一堆沉渣。

苹果酒

苹果酒由苹果汁发酵而成，你可以使用任意类型的苹果，包含那些被风吹落的苹果。一般来说，苹果越酸，酿出的苹果酒度数越高。如果你喜欢甜味苹果酒，可以选用甜品苹果。或者按等比例同时选用又苦又甜的苹果、甜苹果和酸苹果，制成美味可口的混合佳酿。

4升

3个月

6个月

原料

3.5千克苹果或4升苹果汁
5克香槟酵母
100克未精炼的蔗糖

工具

食物料理机或电动榨汁机
果冻袋或有棉布内衬的滤网
大碗
液体比重计（用来测量液体的具体重力）
量壶
细颈大瓶和虹吸管
长嘴漏斗
脱脂棉
气塞和橡胶塞
玻璃瓶
软木塞和塞瓶器

苹果

香槟酵母

蔗糖

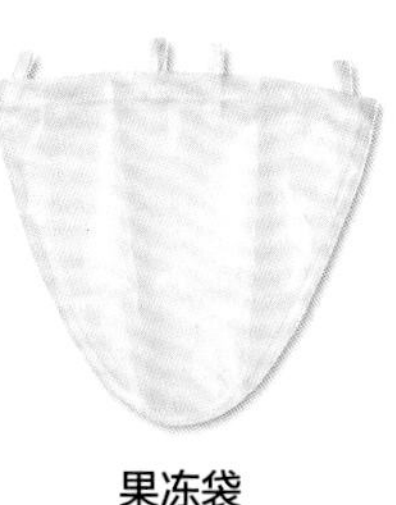
果冻袋

食物料理机

碗

液体比重计

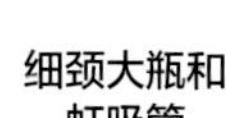

细颈大瓶和虹吸管

量壶

软木塞

长嘴漏斗

脱脂棉

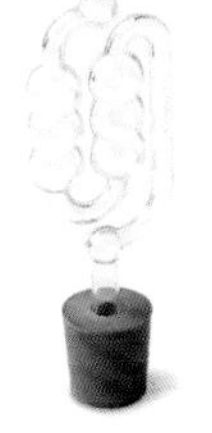

气塞

玻璃瓶

1 确保苹果品质良好，并切除所有破损的地方。将苹果放入冷冻室中，冷冻一整夜。然后将苹果彻底解冻，并用食物料理机搅碎。

为什么这么做？苹果经过冷冻会破坏其纤维细胞壁，从而使其软化。

2 用果冻袋或有平纹细布内衬的干净滤网将果浆过滤至下面的碗中，直至收集到4升果汁。用液体比重计测量出果汁的重力，其数值应在1035~1050。

注意！如果数值不在此范围内，加水稀释直至达标。

3 在果汁中加糖，继续搅拌至溶解。用已消毒的漏斗将果汁倒入已消毒的细颈大瓶中。

提醒　酿制时使用的所用工具都要经过严格消毒，以清除有害的污染物。这样做可以防止空气中的微生物破坏酿造的过程，并导致其腐败变质。

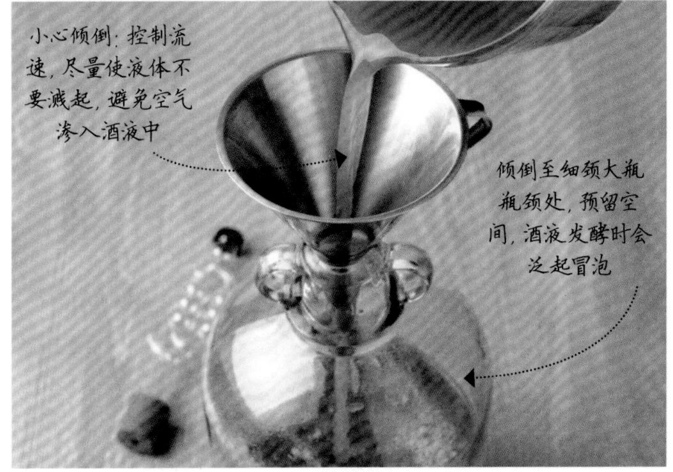

4 投放酵母，并用脱脂棉将细颈大瓶密封起来。在室温下放置2天，当泡沫开始减少时，用已消毒的气塞替换脱脂棉，并在气塞中加水。放置至少2周，或者直至气塞不再冒泡。

为什么这么做？在发酵旺盛的阶段，脱脂棉可以更轻松地排出二氧化碳和微生物。

5 用虹吸管将苹果酒装入玻璃瓶中。玻璃瓶应位于细颈大瓶中液体水平面的下方，将虹吸管的一端放入细颈大瓶中，像吸管一样吮吸，使其充满苹果酒，并将管子快速插入玻璃瓶中。装瓶时，举起每个玻璃瓶，以控制流速，并将管子插入下一个玻璃瓶中。

小心！在将苹果酒装入玻璃瓶前确保发酵已经完成，否则玻璃瓶会爆炸。

如何密封和保存？

密封时，将软木塞放入塞瓶器中，置于玻璃瓶上，用力按压把手，将软木塞完全塞进去。

室温下，**将苹果酒在阴暗的地方存放**约3个月（阳光会使其变质）。

已装上软木塞的玻璃瓶应倾斜存放，使软木塞保持湿润。干燥的软木塞会收缩，从而渗入空气，导致苹果酒变质。苹果酒最好在6个月内品尝完。

哪里出错了？

如果苹果酒的味道不对，可能是发酵时，细颈大瓶的存放位置太过温暖或寒冷，或者是工具没有充分消毒。要不然就是玻璃瓶被竖直摆放，流入空气，使酒液变质。

如果你用面包酵母替换专业酵母，也会导致苹果酒味道不对。经常查看食谱，使用合适的食材。

尝试更多的酒精饮料食谱 ▶▶▶

青梅酒

4.5升

8个月

2年

原料

2千克青梅，洗净
1个柠檬挤汁
1茶匙果胶酶（一种溶解果胶的酶）
1茶匙葡萄酒酵母
1.5千克未精炼的蔗糖

特殊工具

发酵容器或大桶
土豆捣碎器
平纹细布

准备水果

将青梅放入冷冻室冷冻一整夜，这样会破坏导致酒液浑浊的果胶成分。之后彻底解冻。

水果去核后，倒入发酵容器中，用土豆捣碎器捣成糊状。加柠檬汁和3.5升开水，放置冷却。添加果胶酶，以去除果汁中残留的果胶。盖上盖子，然后在室温下放置24小时。

小心！室温范围在15~25℃，如果太热或太冷，会影响最终的结果。可以调整室温，或者换个地方酿酒。

投放酵母

在水果混合物中**投放酵母**，盖上盖子，在室温下的阴暗处放置4~5天。

将水果混合物装入棉布袋中（如有需要，在滤网内侧铺上平纹细布），下面放已消毒的碗来收集果汁。

添加糖分

将糖加入大号量壶中，倒入足量的热水覆盖糖分，搅拌至溶解。如有必要可以多加点儿热水，继续搅拌至看不到糖结晶。冷却后将糖水加入到果汁中进行搅拌。

小贴士：如果使用的水果已经熟透了，按照推荐的用糖量酿制出的酒会有点儿甜。如果希望酒干一点儿，可以少加点儿糖。

放置发酵

用已消毒的漏斗将加糖的果汁装入已消毒的细颈大瓶中，然后装上已消毒的气塞。在气塞中倒一点儿水，然后在室温下将液体发酵2个月。

瓶装酒液

定期检查气塞，当气塞没有气泡冒出时，用已消毒的虹吸管将酒液装到已消毒的玻璃瓶中，并在每个瓶口都留有2厘米的空间。密封并贴上标签，开封前在阴暗凉爽的地方存放6个月。

为什么这么做？在瓶口留有空间，以防温度波动，酒液膨胀。瓶口少量的空气也可以使酒陈年熟化，并且不让其被氧化。

接骨木花香槟

4.5升

2周

3个月

原料

1.25千克未精炼的蔗糖
8个大个接骨木花冠
2个柠檬，切片
2个柠檬挤汁
4汤匙白葡萄酒醋

特殊工具

2个发酵容器或大桶
平纹细布

溶解糖分

将糖倒入发酵容器中，加8升开水。盖上盖子，放置冷却。

准备花朵

轻轻摇晃花冠，去除昆虫，再将花冠放入糖溶液中。

为什么这么做？接骨木花不仅给酒调味，花朵中天然存在的野生酵母也会被用来发酵。如果不额外添加酵母，就算酿出香槟，它也只是清淡的酒精饮料而已。

添加柠檬汁、柠檬片和醋，用干净的布盖上，放置24小时。

过滤液体

通过细孔滤网或棉布**将液体倒入**已消毒的桶中。

小贴士：过滤液体时，挤压花冠，尽可能多地释放风味。

瓶装酒液

用已消毒的长颈漏斗**将液体装入**已消毒的玻璃瓶中，每个瓶口留有2厘米的空间。密封并贴上标签，在阴暗凉爽的地方存放10~14天。

提醒　要严密监测塑料瓶里的酒。使酒瓶处于阴暗处，可以防止塑料降解。每天都查看下酒瓶，并释放出少量气体，防止其膨胀。

如何制作干腌鱼和湿腌鱼

用细海盐干腌白色的多脂鱼，不仅可以让其保质期延长几天，还可以提升其风味，使其质地紧实，尝起来和烹煮过的一样。用醋和卤水腌泡来制作湿腌鱼，同样可以丰富其风味。醋的作用和加热相似，可以改变鱼中蛋白质的构造，相当于烹煮过。

干腌鱼

腌渍鱼

将鱼放入浅盘中，撒上一层细海盐，析出会抑制微生物繁殖的水分。用保鲜膜盖上，按食谱说明的那样，放入冰箱中腌渍。上面放重物，排出更多的液体并加速腌渍。

擦干鱼

每12小时给鱼翻一次身。鱼片腌渍时，水分会留在盘子中，排干水分，防止其被鱼再次吸收掉。腌渍好的鱼片应该质地紧实，很容易切片。用厨房纸巾拍干，并去除多余的盐，放入冰箱中可存放长达2天。

湿腌鱼

用卤水软化鱼

将鱼片放入卤水中浸泡几小时，然后沥干，并用厨房纸巾擦干。卤水会渗入鱼中，抑制细菌的繁殖，并排出水分。

调制腌泡醋

在不锈钢平底锅中将醋、糖和香料慢慢加热至沸腾。煨炖2分钟，然后放置冷却。你可以使用普通的醋，不过腌泡醋可以增添风味。

用醋腌泡

将鱼放入已消毒的玻璃罐中，倒醋覆盖。鱼腌泡的时间越久，其风味越成熟。由于醋是一种保鲜剂，所以与干腌鱼片相比，其存放的时间更久些。

动动手之制作

腌三文鱼

新鲜的鱼本身就很美味，所以稍经加工就可以提升其风味和口感。盐渍三文鱼片是斯堪的纳维亚人的传统保存方法，可以用普通的厨房工具在潜移默化中轻松改变其先天品质。

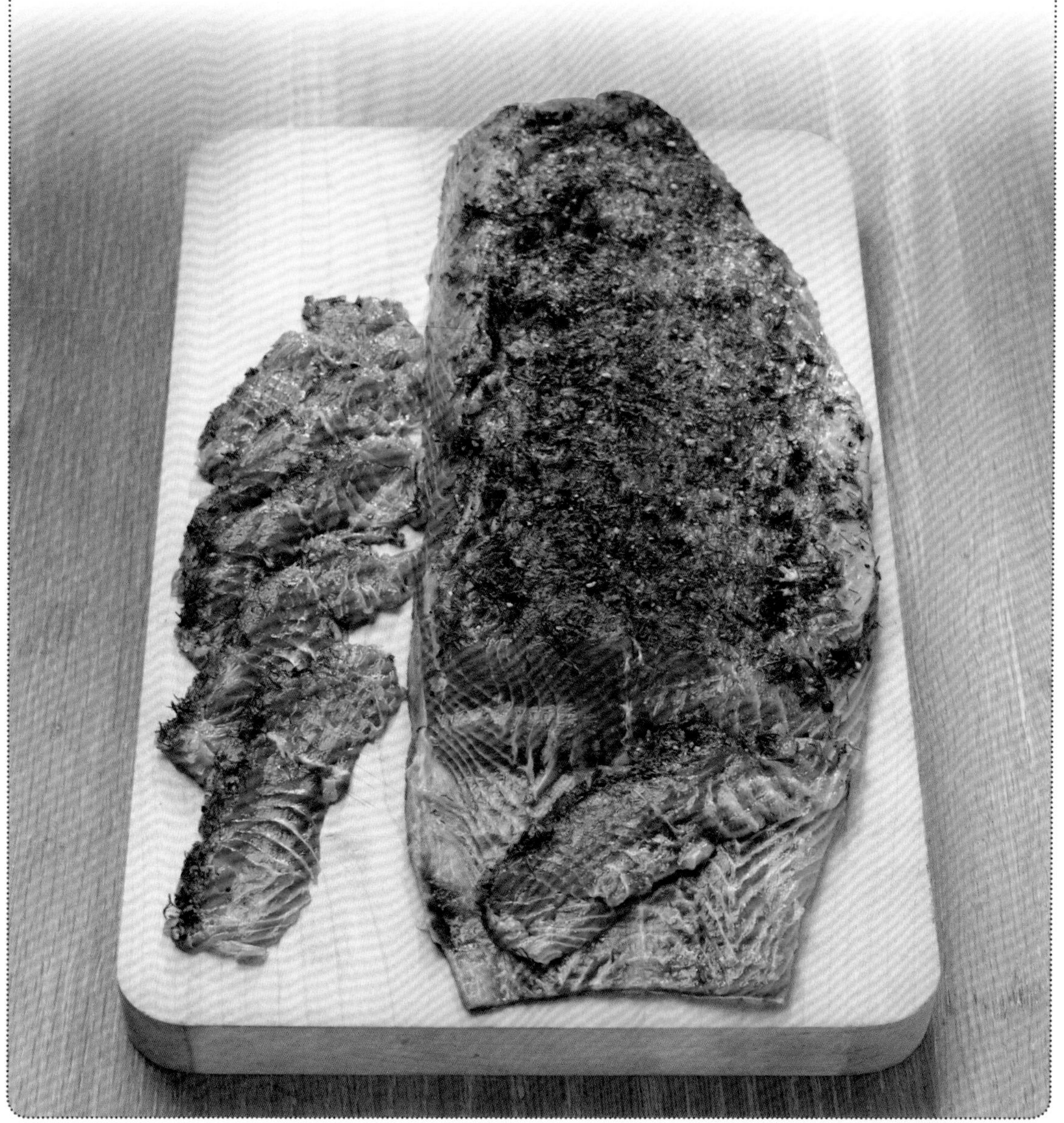

1千克

2天

冷藏保存3~4天，冷冻保存2个月

原料

- 85克细白砂糖或浅色黄糖（可选用，参见下文步骤一）
- 30克莳萝，切碎
- 1汤匙柠檬汁
- 75克细海盐
- 1茶匙刚刚研磨成粉的黑胡椒
- 2块500克重的三文鱼厚片

工具

- 小碗
- 干净的托盘，足够装下三文鱼片
- 保鲜膜
- 长柄勺或大号汤勺
- 厨房纸巾
- 锋利的刀
- 砧板

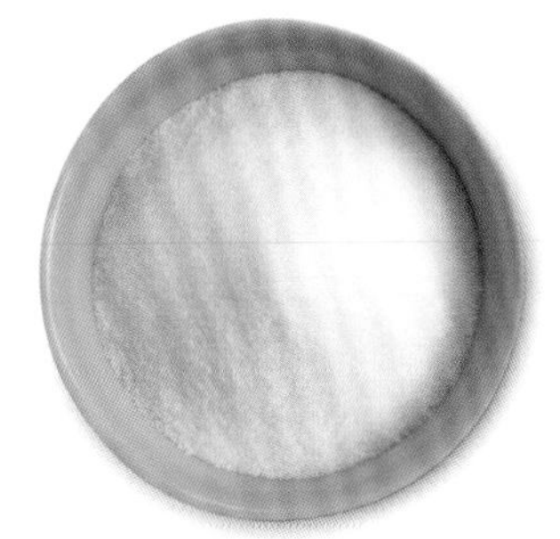
细白砂糖

莳萝

柠檬汁

海盐

黑胡椒

三文鱼

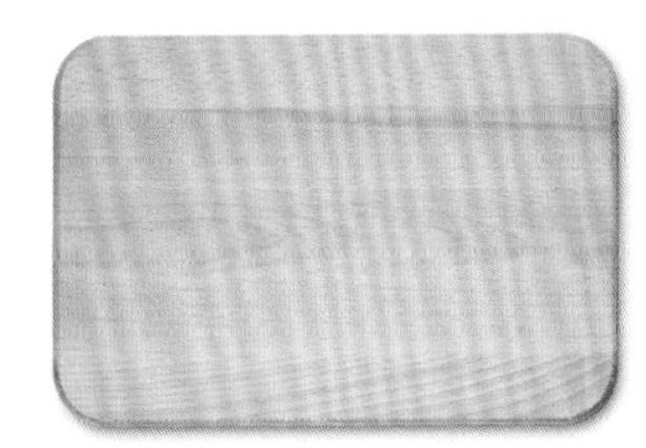
砧板

保鲜膜

厨房纸巾

锋利的刀

长柄勺

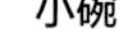
小碗

1 让鱼贩帮你从三文鱼的两侧切两块大小一致的鱼片，并去除所有鱼骨。混合调制干腌调料：在小碗中加糖、莳萝、柠檬汁、盐和胡椒，均匀搅拌。

小贴士：如果你希望风味稍微浓郁厚重些，并且颜色更深沉些，可以用浅色黄糖替换细白砂糖。

撒上腌渍调料，并在鱼肉上抹开

2 在托盘中摆放一块三文鱼片，鱼皮朝下，并在鱼肉上均匀撒上腌渍调料。

小心！在添加腌渍调料前，用手指四处摸摸鱼片，检查是否还有残存的鱼骨。

3 将第二块鱼片放在第一块上面，鱼肉朝下。用保鲜膜紧紧裹住，头尾敞开，使液体可以流出。鱼片上压重物，放入冰箱中腌渍48小时。

小贴士：压紧鱼片可以促使水分排出。在鱼上放碟子或木板，并用罐头压住。

将一块儿鱼片小心地放在另一块的上面，并完全盖住腌渍调料

4 包好的鱼每12小时翻一次身，以充分按压每块鱼片，排干其中的水分。48小时后，撕开保鲜膜，用厨房纸巾拍干，并用锋利的刀切片。

提醒 腌渍好的鱼与最初的鱼片相比，体积略小且更为紧实。

如何存放？

腌三文鱼切片后要冷藏保存，并在3~4天内吃完。或者你也可以将其冷冻起来，可以存放长达2个月。

哪里出错了？

鱼不够紧实，无法切片。鱼中可能仍有太多水分。继续腌渍5天，选择用更重的重物进行按压。如果你觉得鱼已经变质，或者闻起来有臭味，就不要再吃了。

尝试其他鱼

其他适合干腌的鱼有非常新鲜的鳟鱼、鲭鱼和大比目鱼。通常来说，尽量选择最为新鲜的鱼来进行腌渍。

如果选用的是野生三文鱼，应先冷冻至少24小时，并在干腌前，放入冰箱解冻。冰冻可以杀死野生鱼中可能存在的寄生虫。

尝试更多腌鱼食谱 ▸▸▸

香料醋渍鲱鱼卷

1中罐

3~4天

冷藏保存
1个月

原料

6~8片非常新鲜的鲱鱼片，除鳞并收拾干净，去掉任何可见的鱼骨

1颗红洋葱，均匀切片

6~8根腌嫩黄瓜

制作卤汁

每450毫升冷水加60克海盐

制作香醋

450毫升苹果酒或白葡萄酒醋

1汤匙浅色黄糖

6个黑胡椒子

6个多香果

1个肉豆蔻干皮

3片月桂叶

1个干辣椒

特殊工具

牙签

卤水浸泡

将鲱鱼片放入大号的玻璃浅盘中，并在上面倒卤水至完全覆盖。浸泡2~3小时，沥干水分，并用厨房纸巾擦干每块儿鱼片。

注意！所需卤水的分量取决于鱼片的数量、大小以及盘子的尺寸。为了测算出大致的分量，在盘子中装半盘子的水，然后倒入量壶中，这样你就可以计算出水中需要溶解多少盐分了。

调制香料醋

将所有用来调制香料醋的食材倒入不锈钢炖锅中，慢慢加热至沸腾。煨炖1~2分钟，然后放在一边冷却。

翻卷鱼片

将鱼片摆放在干净的砧板上，鱼片朝下。在鱼尾端放上洋葱片和嫩黄瓜，然后卷起来，并用牙签固定住。重复处理剩余的鱼片。

装入罐中

将香料醋渍鲱鱼卷放入已消毒的玻璃罐中，倒上凉的香料醋（连同香料一起），并完全覆盖住。如有需要，用额外的醋加满。密封并放入冰箱中保存3~4天，等待风味成熟。

提醒 使鱼一直浸泡在醋中，确保其不会变质。

快速盐渍鲱鱼

1小罐

如有腌泡，需1~3天

1~2周

原料

2片非常新鲜的鲱鱼片，剔骨，去除鱼头、多余的鱼皮和鱼鳍

小长条状的柠檬皮（可选用）

橄榄油，用来覆盖食材（如有浸泡的话）

制作腌渍混合物

2茶匙细海盐

2茶匙细白砂糖

1汤匙白兰地

刚刚研磨成粉的黑胡椒

2茶匙新鲜莳萝，切碎

腌渍鱼片

用小碗混合食材，调制腌渍调料。

将体积最大的鱼片放在干净的碟子中，鱼皮朝下，上面撒上腌渍调料，确保鱼肉被完全盖住。再将第二块鱼片放在第一块的上面，鱼皮朝上。

用保鲜膜裹住鱼片三明治，并用重物压住，放入冰箱腌渍24小时。头尾两侧的保鲜膜应敞开，在翻转鱼片时可以使液体从包装中流出来。

为什么这么做？用保鲜膜裹住鱼片，可以让三明治状的鱼片贴在一起，确保腌渍调料可以与鱼肉充分接触，析出水分并增添风味。

12小时后给鱼片翻身，排干液体。24小时后，鱼片变硬，就可以吃了。撕开保鲜膜，沥干，并用厨房纸巾擦干。

鱼片可以冷藏保存长达1周。将其放入干净的碟子中，盖上保鲜膜，然后放入冰箱中存放。如果希望风味更为厚重（同时将保质期稍稍延长至2周），可将鱼片浸泡在油中。

浸泡鱼片

将鱼片切成薄片，去除鱼皮。再将鱼片放入已消毒的玻璃罐中，加柠檬皮（如有需要），倒上足量的油，完全覆盖住鱼片。品尝前先在冰箱中存放48小时，等待风味成熟。

如何制作**湿腌肉和干腌肉**

腌肉是一种古老的食物保存技巧。最初的时候需要有冰窖才能成功完成，但是现在冰箱的出现让这一过程显得更为方便。自己动手保存肉很值得一试，其口感无与伦比，同时也可以给较为廉价的肉增添风味，并延长其保质期。

湿腌肉

所用容器应足够大，可以放得下肉和腌渍调料，同时检查它能否放在冰箱底层的搁物架上

确保卤水完全盖住了肉，如有必要，用干净的玻璃镇纸或盘子压住肉块

小心！不论是卤水腌渍，还是干腌，都可以创造出无空气的环境，阻止微生物的繁殖。检查你的冰箱是否足够冷，确保腌渍过程是安全的，这一点很重要。冰箱温度应为5℃或略低些。

卤水腌渍

腌渍时，需要将生肉放入含盐的溶液中，有时要长达25天。使用带密封盖的塑料容器，确保制作的过程中肉处于浸泡状态。盖上盖子，在冰箱中存放。

干腌肉

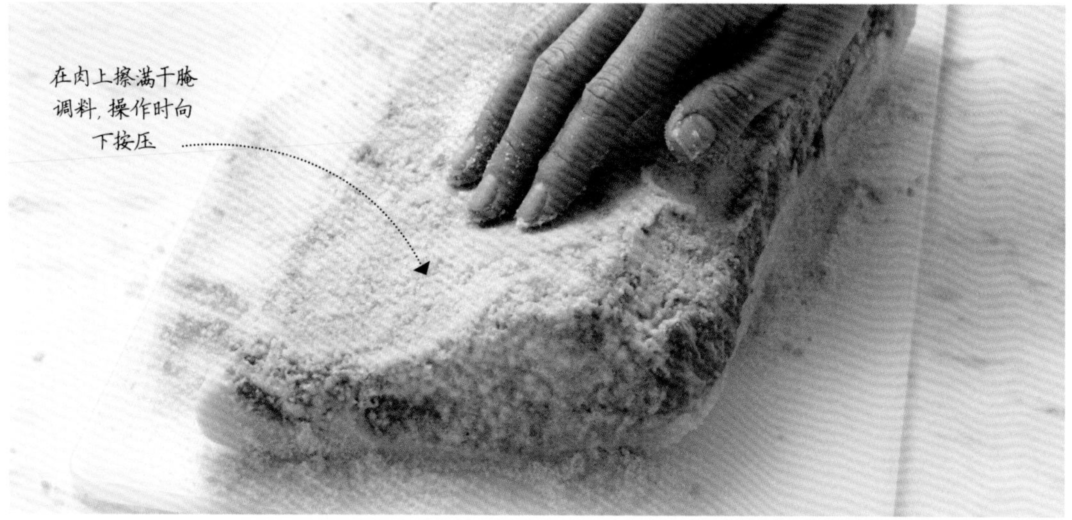

涂抹干腌调料

盐渍肉不仅可以析出水分，同时也有机会给其增添风味。涂抹干腌调料时，将肉放在干净的砧板上，肉皮朝下。用手指将腌渍调料均匀涂抹在肉和脂肪上，并揉进所有缝隙中。

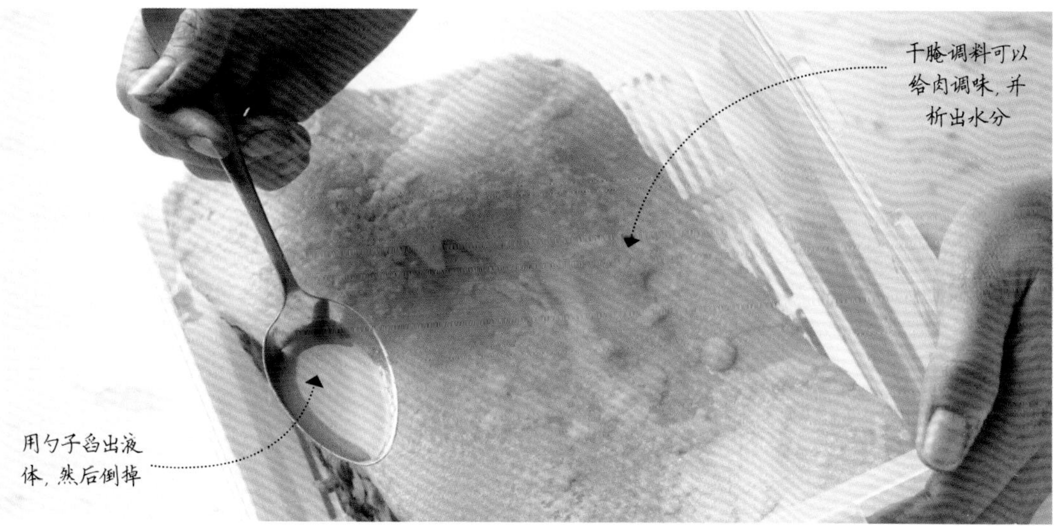

等待风味成熟

将腌好的肉放在塑料容器的滴水盘中，用密封盖密封。根据需要的时长，放入冰箱中正确腌渍，同时使风味成熟。定期检查，排干盘中收集的水液。

干腌培根

干腌法容易上手，初学者大多从此开始起步。它也很适合用来制作美味的早餐培根。制作时应选用新鲜优质的猪肉，确保获得最佳口感。

2千克

8~12天

2~3个月

原料

- 2千克去骨猪里脊肉
- 调制腌泡汁的原料：80克腌渍用盐
- 40克浅色黄糖
- 满满1茶匙柠檬酸或抗坏血酸（维生素C粉）

工具

- 搅拌碗
- 砧板
- 大号塑料容器，带盖，底部有滴水盘或铁架
- 汤勺
- 锋利的刀
- 厨房纸巾
- 平纹细布

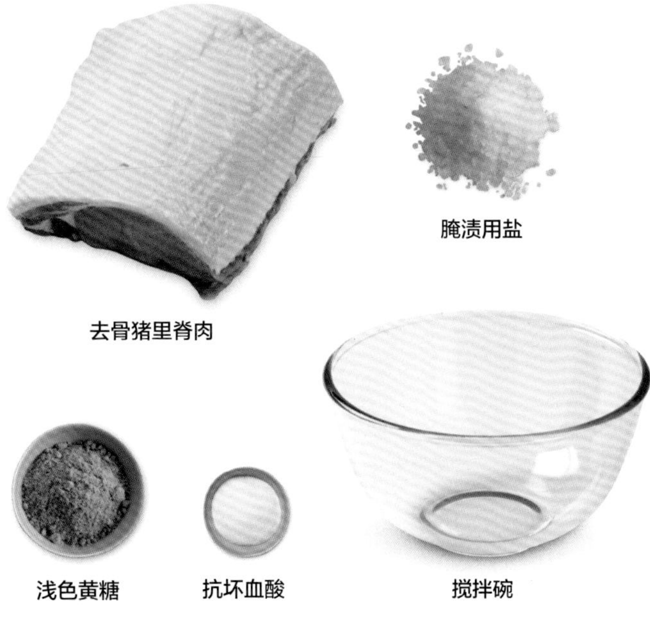
去骨猪里脊肉　腌渍用盐

浅色黄糖　抗坏血酸　搅拌碗

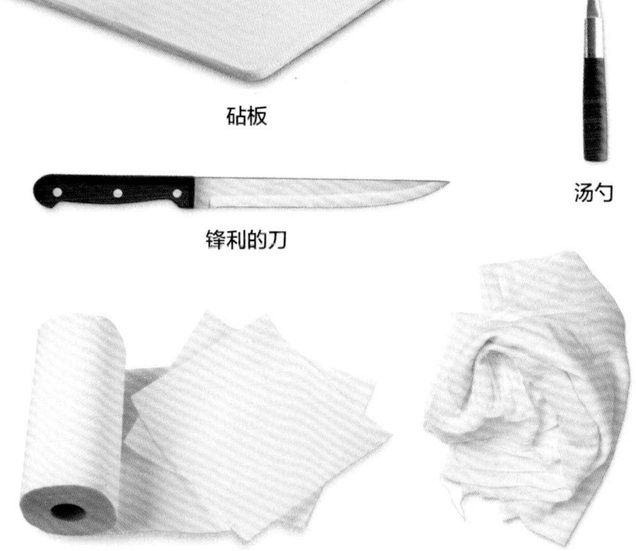
砧板　汤勺　锋利的刀

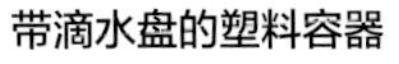
带滴水盘的塑料容器

厨房纸巾　平纹细布

1 在碗中混合食材，调制干腌调料。将生肉放在干净的砧板上，肉皮朝下，用干腌调料进行涂抹。

提醒 通常在处理过生肉后，应将手洗干净。

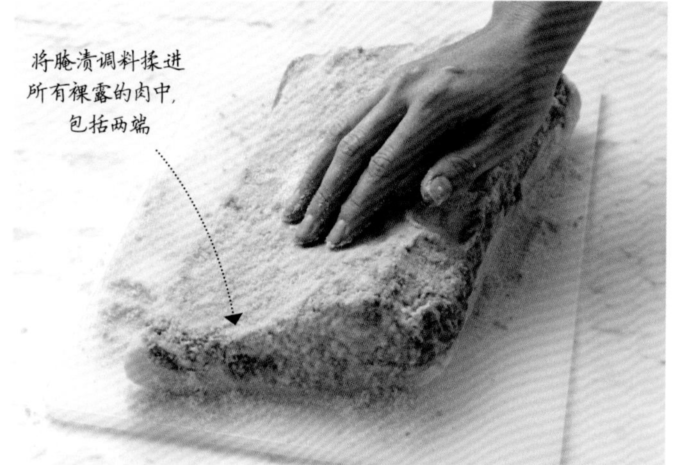

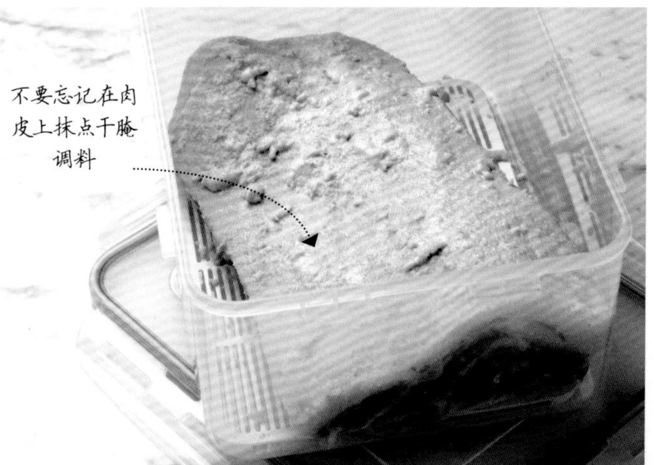

2 将肉放入带密封盖和底部带滴水盘的大号塑料容器中，密封后，放在冰箱底层的搁物架上存放4~5天。

小心！ 处理生肉时，严格的卫生管理很重要。不要让生肉与冰箱中的其他食物接触。

3 定时检查肉块，排干滴水盘中收集到的水液。将含盐的沉淀物重新抹到肉上。

为什么这么做？ 如果肉块重新吸收了腌渍汁，那么在后期会花上更长的时间才能擦干肉。

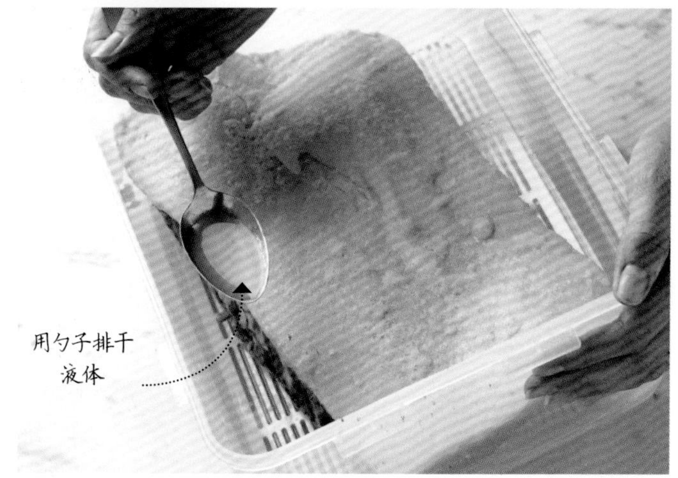

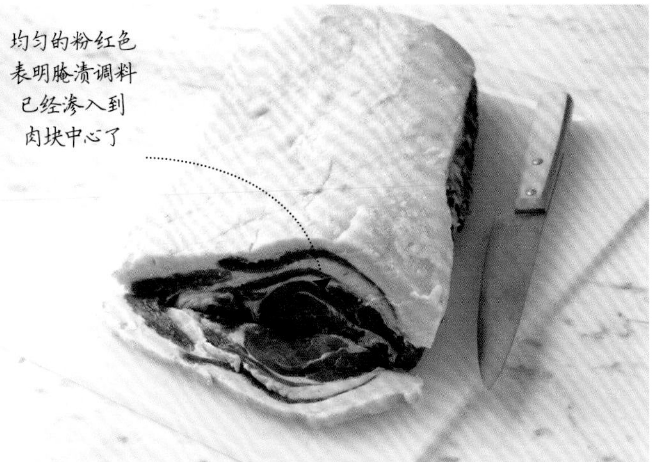

4 检查培根是否已经腌渍充分，从一头切下薄薄一片。整片肉应为粉红色。

注意！ 如果中心部分仍有灰色区域，调配半份儿原有的腌渍调料，重新涂抹在肉块上。放回容器中，密封，并放入冰箱中再保存24小时。

5 用冷水冲洗肉块，并用厨房纸巾擦干。用干净的平纹细布包住，放回容器中，不加盖冷藏保存4~5天。它可以和其他食物放在一起。

为什么这么做？ 将培根不加盖放在冰箱中，可以让它干得更透些。肉的颜色将会变深，摸上去更为紧实。煎一片然后尝尝看，确认它是否已经制作好了。

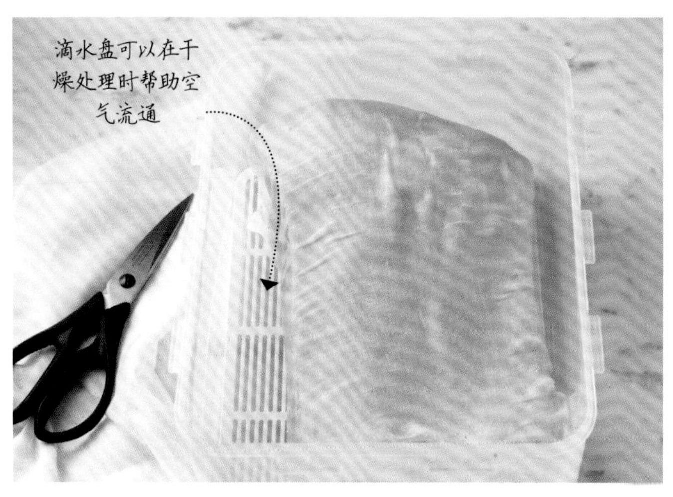

如何存放？

用防油纸包裹培根，并在冰箱中存放长达10天，需要时切成薄片。虽然经过腌渍，但不可以生吃，需要经过烹煮才行。

或者也可以将肉块分成尺寸合适的小块，然后冷冻2~3个月。

哪里出错了？

腌渍后培根吃起来太咸。将肉块浸泡在冷水中，并在冰箱中放置24小时。用厨房纸巾拍干，并用平纹细布包住。不加盖再冷藏3~4天。

肉发霉了。如果腌渍过的肉上有绿色或黑色的霉点，说明存放的环境可能太过潮湿暖和了。需要将肉扔掉，切不可食用。

尝试保存更多肉类食物 ▶▶▶

动动手之制作

湿腌火腿

将腌肉做成火腿有多种途径可供选择，不过此处介绍的这种基本方法可以使肉带上淡淡的甜味。糖是腌渍调料中的重要配料，可以帮助软化肉，否则肉会因为含盐量高而变得硬邦邦的。

2.5千克

1个月

烹煮后存放4~5天

原料

2.5千克带皮猪肉，切成马蹄形

调制腌泡汁的用料

700克腌渍用盐

30克浅色黄糖

25克抗坏血酸（维生素C粉）

用来烹煮和修饰火腿的用料

2小杯苹果酒

1片干燥的月桂叶

12个黑胡椒子

6个丁香

工具

大号塑料容器，带盖，底部有滴水盘或铁架

滴水盘或铁架

烤盘

厨房用线

平纹细布

大号炖锅

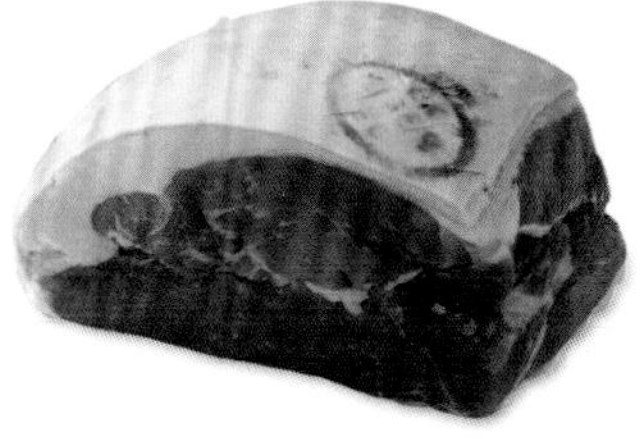
切成马蹄形的带皮猪肉

腌渍用盐

浅色黄糖

抗坏血酸

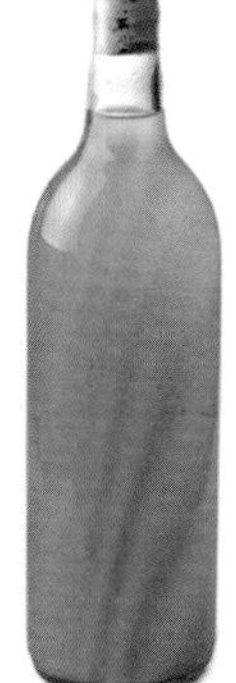
苹果酒

月桂叶

黑胡椒

丁香

带滴水盘的塑料容器

厨房用线

烤盘

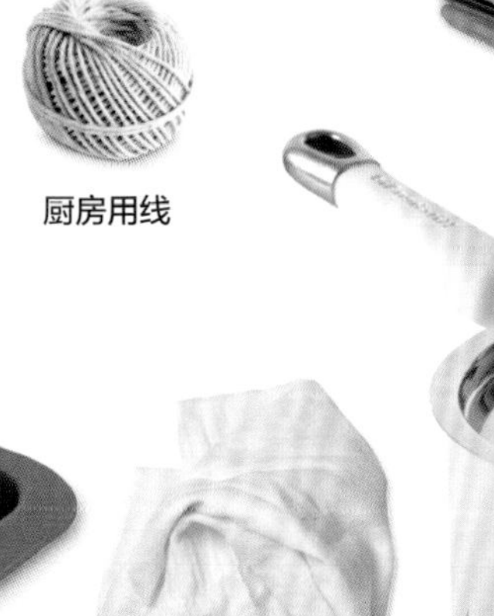
平纹细布

大号炖锅

1 在带盖的大号已消毒塑料容器中倒6升水，加入所有腌渍配料，充分搅拌溶液，直至配料全部溶解。

注意！ 腌渍调料会发出嘶嘶声，可能还会冒出一点烟，不要担心，这种现象极为正常。

将配料撒入水中，可以让其更快溶解

在放入猪肉块时，检查腌渍配料是否已经完全溶解

2 将肉放入容器中，确保其完全浸泡在水中。密封容器，并将猪肉冷藏25天。

小贴士： 如有必要，使用干净的盘子或镇纸压住猪肉。定期检查，确保肉在腌渍时浸泡在卤水中。

3 将猪肉块从卤水中取出来，并用厨房纸巾拍干，放在铁架或滴水盘中，下面用烤盘接住。用厨房用线将其捆成圆形，并用平纹细布包住，冷藏3~4天。

为什么这么做？ 滴水盘会接住猪肉晾干时析出的水分，同时保持空气流通。

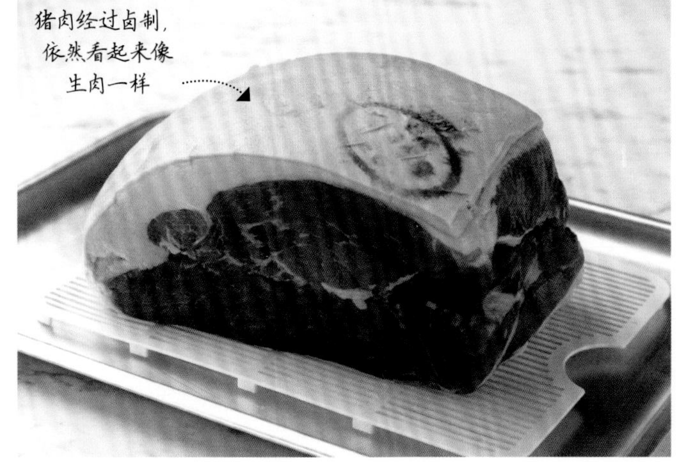

猪肉经过卤制，依然看起来像生肉一样

4 烹煮时，将火腿用冷水浸泡1小时。煮沸一大锅水，加苹果酒、调味料和火腿，然后再次煮沸。盖上锅盖，文火煨炖3~3.5小时。

提醒 火腿只有经过烹煮才可以食用。

芳香型香料和苹果酒可以在烹煮时提升火腿的风味

如何存放？

煮沸的火腿可以在冰箱中存放4~5天。或者也可以将其分成方便食用的小块，冷冻2~3个月。

蜜制火腿可以在其表面涂一层蜜汁，并在烤箱中制作完成。蜜汁是由2平勺枫糖浆、蜂蜜和芥末混合而成，或者使用5汤匙酸果酱。将蜜汁涂抹在火腿上，在热烤箱（200℃）中烤制30~40分钟。冷却后的烤火腿可以在冰箱中存放长达5天。

未经烹煮的腌肉可以冷藏保存长达3天，或者冷冻保存1~2个月。

哪里出错了？

肉块闻起来怪怪的。应扔掉肉，切不可食用。

卤水不够稠。腌渍调料中的含盐量不够，或者保存环境的温度太高。应重新制作。

腌肉上出现白色盐粒。说明溶液中的含盐量太高。

腌肉上有绿色或黑色的霉点。说明溶液含盐量太低，肉没有腌好。应扔掉肉。

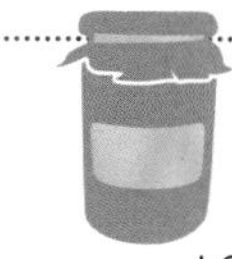

尝试保存更多肉类食物 ▶▶▶

如何制作**罐头肉**

鲜美汁多的罐头肉稍经烤制后，就是一道美味、廉价并令人愉悦的小吃。罐装是保存像牛腱子肉和猪五花肉这种肉的上佳方法，采用这种技巧还可以延长剩下肉的保质期。制作时，将烹煮好的肉剁碎（或制成肉酱），装入罐中，用提纯的黄油或猪油作为气密层进行密封。

装入猪肉

烹煮肉直至松散变软，保留汤汁。用食物料理机搅拌制成柔顺的肉酱，或者动手剁碎，以获得更为粗糙的质地。为防止冷却，可装入已消毒的温热罐子中，倒入所有保留的汤汁，压平表面。

密封罐子

油脂层可以形成气密，隔绝空气中的微生物，并使肉保持湿润。提纯后的黄油（去除水和乳固体）保质期长，可以让肉保存得更久些。在平底锅中用小火融化黄油，让其泛起泡沫几秒钟，然后从炉子上移走，撇去泡沫，稍加冷却。将融化的黄油过滤至碗中，并淋在肉的表面。

牛肉罐头

约500克

5~5.5小时

冷藏保存1个月

原料

900克牛腱子肉，切片，去除脂肪
600毫升牛肉汤
300毫升红葡萄酒
1颗小洋葱，去皮，切成四瓣
2个蒜瓣，去皮
几片新鲜的月桂叶
几根百里香小枝
少许肉豆蔻干皮磨成的粉
半茶匙芥末粉
350克软化的无盐黄油
盐和刚刚研磨好的黑胡椒粉

特殊工具

大号烤盘
食物料理机
平纹细布
蛋糕杯或小号餐盘

将烤箱预热至160℃

烹煮牛肉

将牛肉放入大号烤盘中，倒上牛肉汤和红葡萄酒，撒上洋葱、大蒜、月桂叶和百里香。加热煨炖，然后盖上锅盖，放入烤箱烤制2.5~3小时，直至非常软烂。

小贴士：如果喜欢的话，可以将牛肉放在炉具上煨炖同样的时间，直至煮烂。

切碎牛肉

沥干液体，去除洋葱、大蒜和香草。将煮好的肉转移到食物料理机中，加肉豆蔻干皮、芥末和115克软化的黄油，进行加工处理。如果喜欢，也可以动手将其剁碎，直至柔滑或稍显粗糙。

罐装牛肉

随意进行调味。将肉酱舀进干酪蛋糕碗或小餐盘中，冷冻2小时。

密封牛肉

在炖锅中**将剩余的黄油融化**，撇去浮渣并稍加冷却。用带平纹细布内衬的滤网进行过滤，扔掉锅底残留的乳白色沉渣，然后稍加冷却。

将提纯的黄油淋在肉酱表面，形成约1厘米厚的油脂层。冷冻至黄油凝固，然后根据喜好，用月桂叶或蔓越莓进行点缀。

猪肉酱

1小罐

2天

冷藏保存
1个月

原料

- 1汤匙迷迭香，切碎
- 1个大蒜瓣，压碎
- 四分之一茶匙丁香粉
- 2茶匙海盐
- 黑胡椒，刚刚研磨成粉
- 500克带脂肪的五花肉，带骨
- 1片月桂叶
- 60克猪油，如有需要

特殊工具

- 小碗
- 大号带盖的塑料容器
- 烤盘
- 铝箔纸
- 小号炖锅
- 砧板
- 小号保存罐

制作腌渍料

在小碗中，将迷迭香、大蒜、丁香、盐和黑胡椒混合搅拌在一起。将肉放入带密封盖的大号容器中，用腌渍料进行涂抹。

小贴士：将肉完全浸没在腌渍料，用手指使腌渍料充分渗透到肉皮和肉中。

密封容器，放入冰箱中存放24小时。

烹煮猪肉

将烤箱预热至150℃。

将肉放入烤盘中，加月桂叶和250毫升开水。用铝箔纸盖紧盘子，盖上盖子，然后将烤箱设置为低挡，加工3小时，直至肉完全变烂，并且骨肉分离。

小心！肉在烹煮时应保持湿润，所以要在开始烹煮1.5小时后进行检查。如果水分已被蒸发掉了，需要再加点水， 满满2汤匙应该差不多了。

从烤箱中取出烤盘，汤汁上面会有一层融化的脂肪，将其倒出并留用。将猪肉和汤汁倒入滤网中，下面用碗接住。盖上盖子，放置冷却。如果汤汁中有很多脂肪，可用勺子舀出来，和留用的脂肪放一起。同样也要保留汤汁。

装入罐中

一旦猪肉变凉，可将肉皮和骨头剔除并扔掉。将猪肉放在砧板上。

用两个叉子，背对背**将肉拆开撕碎**，然后装入已消毒的罐子中。倒上留用的汤汁。

在小号炖锅中，用小火融化留用的脂肪。再将其淋在肉上，将肉完全覆盖住。

小贴士：如果脂肪不能将表面完全盖住，可以融化一些猪油淋在上面。

密封罐子，贴上标签。一旦变凉，冷藏保存可长达1个月。

提醒　开封后，猪肉酱在冰箱中至多存放2天。

油封鸭

4人份　2小时45分钟　冷藏保存2周

原料

2汤匙海盐

8粒黑胡椒子（略微压碎）

2个大个儿蒜瓣（压扁）

四分之一茶匙多香果粉

1茶匙干百里香

2片月桂叶（撕碎）

4只鸭腿

350克鹅油或鸭油

少量猪油（如有需要）

特殊工具

小碗

带盖的大号塑料容器

中号烤盘

煎锅（上菜前加热）

制作腌渍料

在小碗中，将盐、胡椒子、大蒜、多香果、百里香和月桂叶混合搅拌在一起。将鸭腿放入带密封盖的大号容器中，用腌渍料进行涂抹。

密封容器，将鸭腿放入冰箱保存24小时。

烹煮鸭肉

将烤箱预热至150℃。

用冷水彻底冲洗鸭腿，并用厨房纸拍干。

为什么这么做？冲洗很重要，可以防止最终的鸭腿太咸，同时保留渗入鸭肉中的腌渍料风味。

将鸭肉放入耐热的中号焙盘中，加鹅油或鸭油，小火加热约10分钟，直至油脂融化。

给烤盘盖上盖子，将烤箱设为低档，放入烘烤2.5小时，直至肉变烂。

从烤箱中取出肉，冷却。转移到带密封盖的容器中，表面淋上油脂并完全覆盖住，必要时加猪油。密封并放置冷却，放入冰箱中保存。

品尝享用

从容器中取出鸭肉，刮掉油脂。

小贴士：油脂保留备用，可以存放在冰箱中，继续用来制作油封鸭，可重复使用至多3次。

加热大号厚底的煎锅，将鸭肉每面煎约5分钟。煎鸭肉时，鸭皮朝下，先用大火，然后转小火，再将鸭肉翻身，烹至熟透。

索引

B

白醋栗89，117
白兰地
　白兰地腌李子49
　白兰地腌樱桃49
薄荷甘露酒114
薄片检测87，103，135
保存工具10
保鲜罐10
波森莓83，117
不锈钢锅64，68

C

草莓
　草莓果冻107
　草莓冷冻果酱27
　草莓蜜饯100
　草莓糖浆113
　果胶/果酸含量89
　冷冻时间22
　瓶装117
　煨炖110
敞开冷冻
　蔬菜29，31
　新鲜水果20，22，23
朝鲜蓟30
　油封朝鲜蓟45
朝鲜泡菜55
橙
　橙凝乳148
　橙酸果酱136~139
　干燥橙皮125
　上蜡139
杵和臼35，38
醋13
　抗酸盖53
　泡菜56~61
　湿腌鱼166，167
　酸化蔬菜42
　香料醋61，62，63
　腌泡醋167

D

大白菜：朝鲜泡菜55
大黄
　大黄、梨和姜果酱97
　果胶/果酸含量89
　冷冻时间22
　瓶装117
豆类，参见蚕豆，四季豆，红花菜豆
　红花菜豆和西葫芦酸辣酱70
　辣泡菜61
　冷冻30，31
杜松子酒腌黑刺李51
杜松子酒腌黑刺李51
杜松子酒腌西洋李子51
　果胶/果酸含量89
　西洋李子乳酪84

E

鹅莓
　果胶/果酸含量89
　冷冻时间22
　凝乳147
　瓶装117

F

发酵159，163
　果酱93
　酸辣酱69
鲱鱼
　快速盐渍鲱鱼173
　香料醋渍鲱鱼卷172
风干124，125
伏特加
　伏特加腌金橘50
　伏特加樱桃果酱96
覆盆子
　覆盆子果酱91~93
　覆盆子凝乳149
　果胶/果酸含量89
　蓝莓和覆盆子冷冻果酱27
　冷冻22，23
　瓶装117，121

G

甘露酒110~111
　黑醋栗115
　新鲜薄荷114
柑橘类水果
　果胶/果酸含量89
　冷冻时间22
　瓶装117
　酸果酱134~141
　未上蜡139
　另见个别水果
干腌
　肉类175，176~179
　鱼类166，168~171
干腌大比目鱼171
干腌培根176~179
干腌鲭鱼171
干腌鳟鱼171
干盐渍56
干燥124~125
干燥香蕉131
工具8~11
枸杞子83，89
罐头肉184~187
　牛肉罐头185
罐子
　放入泡菜57
　放入水果116
　放入油封蔬菜43
　加热处理117
　抗酸盖53，57
　装入开胃菜72
　装入酸果酱139
果冻102~109
　保存107
　变化107
　基本制法102~103
　蔓越莓果冻108
　迷迭香果冻109
　葡萄、柠檬和丁香果冻104~107
　疑难解惑107
果冻袋8，102
果酱86~97
　保存93
　波特酒李子果酱94
　大黄、梨和姜果酱97
　伏特加樱桃果酱96
　覆盆子果酱91~93
　黑醋栗果酱95
　基本制法86~87
　凝结检测87，93
　水果中的果胶/果酸含量88~89
　疑难解惑93
　樱桃果酱96
　另见冷冻果酱
果胶
　果冻102
　果酱86，88~89
　蜜饯98
果胶/果酸含量89
果泥
　冷冻21，22，23
　制作冷冻果酱24
　制作水果奶酪78，82~83
果酸42，88~89
黑莓
　炖煮110
　果冻107
　果胶/果酸含量89
　黑莓和苹果果冻107
　黑莓糖浆95
　冷冻22，23
　凝乳147
　瓶装117

H

红醋栗
　果冻107
　果胶/果酸含量88，89
　瓶装117
红花菜豆
胡萝卜
　烤箱干燥129
　辣胡萝卜开胃菜74
　辣泡菜61
　冷冻30，31
　什锦泡菜59
　意式蔬菜43
胡桃
　胡桃香蒜青酱39，40
　水蜜桃和胡桃蜜饯101
花菜
　辣泡菜61
　冷冻30，31
　什锦泡菜59

意式蔬菜43
黄瓜
干腌56
黄油面包冷泡菜63
莳萝盐渍黄瓜55
腌嫩黄瓜58
黄油12,150~155
风味黄油
密封罐头肉184
另见水果黄油
黄油面包冷泡菜63
黄油模具9,155
茴香
冷冻时间30
意式蔬菜43
火腿
蜜制136,183
湿腌法180~183

J
基本原料12~13
挤压水果102,158,162
加热处理11,117
焦糖糖浆克莱门氏小柑橘123
焦糖糖浆克莱门氏小柑橘123
酵母158,159,163
接骨木花香槟165
接骨木花香槟165
金橘117
伏特加腌金橘50
酒158
接骨木花香槟165
青梅酒164
酒精饮料158~165
接骨木花香槟165
苹果酒158,160~163
青梅酒164
酒石酸88
酒味浆果46
酒味水果46,–51
白兰地腌李子49
杜松子酒腌黑刺李51
伏特加腌金橘50
苦杏酒腌杏肉和杏仁48
冷酒法46
热糖浆法47
卷心菜30
朝鲜泡菜55
盐渍52,55,60
紫甘蓝泡菜60

K
开胃菜72~75
基本制法72
辣胡萝卜74
甜菜根75
甜玉米和辣椒73
西红柿74
烤箱干燥125
西红柿126~129
烤箱干燥牛蒡129
空气密封11,117
苦杏酒腌杏肉和杏仁48

L
辣椒
黄油面包冷泡菜44
烤制44,71
甜玉米辣椒开胃菜73
西红柿烤辣椒酸辣酱71
辣泡菜61
腌嫩黄瓜58
盐渍和卤制56
紫甘蓝泡菜60
辣泡菜61
蓝莓
果胶/果酸含量89
蓝莓和覆盆子冷冻果酱27
冷冻时间22
瓶装117,121
冷冻
敞开冷冻20,22,23,29,31
蔬菜28~31
水果20~23
西红柿干129
香草32~33
香蒜青酱39
制作苹果酒的苹果162
冷冻保鲜袋20,29,32
冷冻菠菜30,31
冷冻蚕豆30,31
冷冻醋栗23
冷冻果酱24~27
草莓27
基本制法24~25
蓝莓和覆盆子26
冷冻荷兰豆30
冷冻芦笋30
冷冻嫩豌豆30
冷冻婆罗门参/鸦葱30
冷冻时间22
冷冻水果糖浆22
冷冻唐莴苣30
冷冻豌豆30
另见荷兰豆
冷冻西蓝花30
冷泡菜57
冷泡菜62~63
梨83
大黄，梨和姜果酱97
果胶/果酸含量88,89
瓶装117,121
去皮120
李子83
白兰地腌李子49
波特酒李子果酱94
果胶/果酸含量89
冷冻22,23
李子酸辣酱66~69
瓶装酒味46
瓶装糖浆117,121
龙蒿冰块33
漏斗8,111
漏勺52,62
罗甘莓83
果胶/果酸含量89
冷冻时间22
瓶装117
糖浆112
罗勒
香蒜青酱36~39
油封冷冻32
罗马花椰菜
冷冻30,31
意式蔬菜43

M
蔓越莓
果胶/果酸含量89
冷冻22,23
蔓越莓果冻108
瓶装117
酶28,42
迷迭香果冻109
蜜饯98~101
草莓100
基本制法98
水蜜桃和胡桃101
杏99
蜜制火腿183
棉布袋/棉布8,134
香料袋47,57
模具69
蘑菇
干燥124,130
意式蔬菜43

N
酿酒工具
消毒162
液体比重计8
酿酒酵母158
柠檬13
干燥果皮125
葡萄、柠檬和丁香果冻104~107
制作果酱88
柠檬凝乳144~147
腌柠檬52,54
柠檬酸88
凝固检测
果冻103
果酱87
酸果酱135
牛肉罐头184
农夫奶酪156~157

P
泡菜56~61
基本制法56~57
冷泡菜62~63
冷泡法57
热泡法57
什锦泡菜59
品尝松仁38

平底深锅9
苹果83，117
干燥苹果131
果冻107
果胶/果酸含量88，89，107
冷冻22，23
迷迭香果冻109
苹果和黑莓果冻107
苹果黄油85
苹果酒160~163
沙果89
煮熟的苹果89，107
苹果酒158，160~163
瓶10
瓶装117，121
瓶装酒味水果46~51
白兰地腌樱桃49
杜松子酒腌黑刺李51
伏特加腌金橘50
苦杏酒腌杏肉和杏仁48
冷酒法46
热糖浆法50
瓶装苹果酒163
瓶装水果糖浆116~123
保存121
答疑解惑121
蜂蜜糖浆无花果122
基本制法116~117
焦糖糖浆克莱门氏小柑橘123
糖浆桃118~121
瓶装糖浆111
密封163
葡萄83
干燥131
果胶/果酸含量89
葡萄、柠檬和丁香果冻104~107

Q

起皱检测87，93，103，135
气塞159，163
茄子：意式蔬菜43
芹菜
意式蔬菜43
青葱
虹吸163
黄油面包冷泡菜63
筛选水果78，82
意式蔬菜43
青梅83
瓶装121
青梅酒164
琼脂24
球朝鲜蓟，参见朝鲜蓟
球芽甘蓝30

R

热泡菜57
肉类11
罐装184~187
腌制174~183
软质乳酪156~157
另见水果奶酪

S

塞维利亚橙酸果酱137
桑葚83，117
沙果89
湿腌法166，174，180~183
食品安全11
食物料理机9
莳萝
冰块33
莳萝盐渍黄瓜55
腌嫩黄瓜58
蔬菜
干盐法56
干燥124~125
开胃菜72
辣泡菜61
冷冻28~31
冷泡菜62~63
卤制56
什锦泡菜59
蔬菜脆片129
酸化42
酸辣酱64~65，70~71
烫煮28
腌泡56~57
盐渍52~53
意式蔬菜43
油封42~45
水果
甘露酒110~111，115
干燥124~125
果冻102~109
果酱86~97
果胶/果酸含量88~89
过滤102，158，162
开胃菜72
冷冻20~23
冷冻果酱24~27
蜜饯98~101
凝乳142~149
瓶装酒味46~51
瓶装糖浆116~123
水煮47
酸辣酱64~65，66~69
糖浆110~113
水果黄油78，79
苹果黄油85
水果奶酪78~85
温柏乳酪80~83
西洋李子84
水果凝乳142~149
保存147
橙凝乳148
覆盆子凝乳149
基本制法142~143
柠檬凝乳144~147
疑难解惑147
水蜜桃
干燥131
果胶/果酸含量89
冷冻果泥21，22，23
瓶装117
水蜜桃桃与胡桃蜜饯101
糖浆水蜜桃118~121
水浴11，117
水煮水果47
四季豆
冷冻28~29，30
松紧袋8
酸橙凝乳147
酸果酱134
酸果酱134~141
橙136~139
粉红西柚141
基本制法134~135
凝固检测135
塞维利亚柑橘137
威士忌克莱门氏小柑橘140
疑难解惑139
准备果皮134~135
酸辣酱64~71
保存69
基本制法64~65
李子酸辣酱66~69
四季豆和西葫芦酸辣酱70
西红柿和烤辣椒酸辣酱71
疑难解惑69

T

泰莓83，117
糖12
果酱糖89
加入果冻中102
加入果酱中86，92
结晶88
浸泡水果98
冷冻水果20，21
酸辣酱65
未精炼的158
糖浆110~113
草莓糖浆113
蜂蜜糖浆无花果122
黑莓糖浆112
基本制法110~111
焦糖糖浆克莱门氏小柑橘123
冷冻水果22
瓶装水果116~123
水煮水果47
糖浆水蜜桃118~121
烫煮杏48
制作糖浆116
糖温度计8，86
糖温度计86
烫煮
朝鲜蓟45
冷冻蔬菜28，30
杏48
腌制蔬菜61

藤叶58
甜菜根129
  开胃菜75
甜瓜
  干燥131
  果胶/果酸含量89
  冷冻时间22
甜玉米
  冷冻30，31
  甜玉米和辣椒酸辣酱73
贴标签21，93，139
脱水，参见干燥

W

威士忌克莱门氏小柑橘酸果酱140
微生物40，41，42，64，128
卫生条件11
温柏
  果冻107
  果胶/果酸含量89
  瓶装117
  温柏乳酪80~83
温柏奶酪80~83
无花果
  蜂蜜糖浆无花果122
  干燥131
  果胶/果酸含量89
  冷冻时间22
  瓶装117
无花果蜂蜜糖浆122

X

西红柿
  烤箱干燥126~129
  去皮71
  什锦泡菜59
  西红柿开胃菜74
  西红柿烤辣椒酸辣酱71
西葫芦
  辣泡菜61
  四季豆和西葫芦酸辣酱70
  意式蔬菜43
西芹
  冰块33
  冷冻油封32
  香蒜青酱39
西洋李子
西柚
  粉红西柚酸果酱141
  凝乳147
细颈大瓶9，159，163
细洋葱冰块33
香草13
  干燥125
  冷冻32~33
  香草果冻107
  香草黄油155
  香草软质乳酪157
香草冰块33
香料13
  风味黄油155
香料醋渍鲱鱼卷172
香料袋47，57，59
香芹冰块33
香蒜青酱34~41
  变化39
  基本制法34~35
  冷冻39
  罗勒香蒜青酱36~39
  密封和保存39
  手工制作35
  疑难解惑39
  用食物料理机处理34
  芫荽和胡桃40
  芝麻菜41
消毒11，162
小豆蔻荚，剥开50
杏117
  果胶/果酸含量88，89，107
  苦杏酒腌杏肉和杏仁48
  冷冻22，23
  去皮48
  杏干131
  杏蜜饯99
  杏凝乳147

Y

鸦葱，参见婆罗门参
腌嫩黄瓜58
腌柠檬54
腌三文鱼168~171
腌三文鱼168~171
腌制
  工具8
  肉类174~183
  鱼类166~173
盐渍
  工具9
  慢速冷卤水52
  热卤水53
  湿腌167，174
  腌制保存52~53，54，55
  腌制蔬菜56，59，61
盐渍
  干腌法56
  干腌鱼166
  冷泡菜62，63
  腌泡菜56，58，60
盐渍保存12，52~55
  朝鲜泡菜55
  莳萝盐渍黄瓜55
  腌柠檬54
洋葱
  辣泡菜61
  什锦泡菜59
液体比重计8，162
意式蔬菜43
意式蔬菜43
饮料
  果汁与甘露酒111
  酒精类158~165
樱桃
  白兰地腌樱桃49
  伏特加樱桃果酱96
  果胶/果酸含量89
  冷冻22
  瓶装117
  瓶装酒味46
  樱桃果酱96
油
  保存蔬菜干129
  密封香蒜青酱39
  意式蔬菜43
  油封朝鲜蓟45
  油封冷冻香草32
  油封什锦彩椒44
  油封蔬菜42~45
油封鸭187
油桃
鱼类11
  干腌法166，168~171
  快速盐渍鲱鱼173
  湿腌法167
  香料醋渍鲱鱼卷172
  腌三文鱼168~171
芫荽
  冷冻32，33
  芫荽和胡桃香蒜青酱40
圆形蜡纸70，71

Z

芝麻菜香蒜青酱39，41
脂肪12
猪肉酱186
装入
  开胃菜72
  酸果酱139
紫甘蓝泡菜60

致谢

图片版权

DK公司感谢Peter Anderson和Dave King拍摄了新照片。
所有图片版权归DK公司所有。
如需更多信息请访问www.dkimages.com。

DK出版公司致谢

本书在制作过程中得到许多人的支持，DK公司特此致谢：

英国分公司

设计助理：Vicky Read
编辑助理：Annelise Evans，Helen Fewster，Holly Kyte
DK图库：Claire Bowers、Freddie Marriage、Emma Shepherd、Romaine Werblow
索引制作：Chris Bemstein

印度分公司

资深编辑：Garima Sharma
资深美编：Ivy Roy
设计助理：Devan Das、Prashant Kumar、Ankita Mukherjee、Anamica Roy、Suzena Sengupta
编辑：Arani Sinha
编辑助理：Suefa Lee、Swati Mittal
DTP设计：Rajesh Singh Adhikari、Sourabh Chhallaria、Arjinder Singh
CTS/DTP专员：Sunil Sharma